신원섭 교수의 숲의 건강학

치유의 숲

치유의 숲

초판 1쇄 발행 2005년 2월 23일
초판 3쇄 발행 2014년 10월 6일

지은이 신원섭
펴낸이 이원중 펴낸곳 지성사 출판등록일 1993년 12월 9일 등록번호 제10 - 916호
주소 (122 - 899) 서울시 은평구 진흥로1길 4, 2층 전화 (02) 335 - 5494~5 팩스 (02) 335 - 5496
홈페이지 www.jisungsa.co.kr | 지성사.한국 이메일 jisungsa@hanmail.net
편집주간 경현주 편집팀 안선영 디자인팀 이향란, 장현지

ISBN 978 - 89 - 7889 - 114 - 1(03480)

잘못된 책은 바꾸어드립니다. 책값은 뒤표지에 있습니다.

이 도서의 국립중앙도서관 출판시도서목록(CIP)은
e-CIP 홈페이지(http://www.nl.go.kr/ecip)에서 이용하실 수 있습니다.
(CIP제어번호: CIP 2005000321)

신원섭 교수의 숲의 건강학

치유의 숲

지성사

건강한 삶이란 숲과 교류하는 것

웰빙이 화두가 되는 시대다. 어떻게 살아야 잘 사는 것일까? 이는 인류가 오랫동안 추구해온 염원이며 목표다. 질병을 뜻하는 영어인 'disease'는 옛 불어에서 온 말이며 'lack of ease', 즉 쉽고 편한 것이 없다는 뜻이다. 따라서 질병이 없고 건강하다는 것은 편안한 삶의 기본이다. 또한 건강이란 말인 'health'는 'wholeness' 즉, 인간의 정신과 육체가 균형되고 안정된 삶을 의미한다. 오늘날 현대인들은 균형과 조화와 결별한 채 생활하고 있다. 따라서 정신적으로 불안하고 공허하며 육체적으로는 여러 질병에 시달린다.

인간에게 숲은 무엇이며 어떤 의미를 주는가? 숲이 인간의 삶을 풍요롭게 하는 물질적 자원이며 쾌적하게 해주는 환경적 자원임은 누구나 인정한다. 그러나 나는 숲이 이것을 훨씬 뛰어넘어 인간의 정신적 근원과 본성을 찾는 데 큰 역할을 한다고 믿는다. 즉 우리들이 인간다운 인간, 참다운 인간이 되고 그렇게 살아가기 위해서 숲이 꼭 필요하다고 믿는다. 숲은 우리가 육체적 그리고 심리적으로 건강한 삶, 다시 말하면 몸과 마음이 평안하고 균형잡힌 삶을 살기 위해 기본적으로 교류하여야 할 대상이다.

참인간은 육체적, 정신적으로 건강해야 할 뿐만 아니라 자신의 능력을 최대한 발휘할 수 있어야 한다. 인본주의심리학적 관점에서 본다면 자아 실현된 인간이다. 최고의 삶과 행복을 추구하는 참인간이 되기 위해서는 숲과 교류하여 얻는 정신적 충만감이 중요하다. 오늘날 수없이 일어나는 패륜적이고 엽기적인 사회 문제들을 분석해보면 숲이나 자연과 단절된 부조화한 현대인의 삶이 그 사건의 근본적 원인이 아닐까 싶다. 숲과 산에서 만나는 사람들을 생각해보라. 그 사람들은 먼저 인사하고, 친절을 베풀며, 남을 배려한다. 그와 반대로 일상에서 우리는 서로 경쟁하여 남을 누르고 이기려고 한다. 남에 대한 양보나 배려는 찾아보기 어렵고 우리는 자신의 편익만 위해서 살아간다.

이러한 사실은 여러 가지 이론과 증거를 제시하지 않더라도 숲이 인간다운 인간, 참인간이 되기 위해 필요하다는 것을 일깨운다. 결국 숲이란 인간의 정신과 육체적 욕구의 충족을 위해 필수적이다. 얼마 전 우리나라를 다녀간 틱낫한 스님은 그의 책 『Touching Peace : Practicing the Art of Mindful Living』에서 나무에서 체험한 것을 이렇게 말하고 있다.

"10년 전, 나는 우리 공동체 마을 앞에 히말라야시다 세 그루를 심었습니다. 그리고 지금 나는 그곳을 지나칠 때마다 하나하나에게 인사를 합니다. 나는 볼을 그 나무의 껍질에 갖다 대고 그 나무를 포옹합니다. 숨을 크게 들이마시고 내쉴 때, 나는 나무의 가지와 아름다운 잎을 봅니다. 나는 끌어안은 나무에서 많은 평화와 위안을 얻습니다. 나무와 접촉하는 것은 우리와 나무에게 모두 큰 즐거움을 주지요. 나무는 아름답고, 우리 마음을 충전시켜줍니다. 우리가 나무를 포옹하고 싶을 때, 나무는 거절하는 법이 없습니다. 우리는 나무에 의존할 수 있습니다. 우리가 나무를 만지고 포옹하는 것과 같이 우리는 자신과 남을 열정을 가지고 사랑할 수 있습니다."

틱낫한 스님의 표현처럼 우리는 숲에서 평안을 얻을 수 있고 나 자신과 이웃을 사랑하고 아끼는 법을 배울 수 있다. 이 책은 바로 그 방법에 대하여 이야기하는데, 다시 말하자면 숲과 자연이 우리가 건강한 삶을 살아가는 데 어떤 도움을 주는지 알려주기 위해 쓰였다. 먼저 숲과 우리의 건강, 삶의 질에 관련된 이론을 알기 쉽게 소개함으로써, 독자들이 이 분야에 관한 학문적 호기심을 충족할 수 있게 하였고 숲과 건강의 메커니즘을 이해할 수 있도록 하였다.

또한 이 책은 여러 실용적 방법을 제시해 독자들이 숲과 자연의 관계를 분석하여 효율적으로 숲을 이용할 수 있게 지침서가 될 것이다. 특히 여러 가지 구체적인 연구와 치료 사례를 소개함으로써 독자들이 자신의 문제를 해결하기 위한 흥미로운 숲 이용 방안을 스스로 만들 수 있도록 하였다. 이 책은 독자 스스로 숲을 이용하는 데 도움이 되도록 쓰였지만 다른 사람에게 조언하고 지도할 수 있도록 꾸며지기도 했다.

이 분야의 책은 우리나라는 물론 외국에서도 드물다. 따라서 이 책에 인용된 이론이나 사례들을 수집하고 분석하는 데에는 많은 시간이 걸리고 노력이 들었다. 다행히 캐나다 밴쿠버에 있는 브리티시콜롬비아대학교(University of British Columbia)에 교환교수로 안식년을 보낼 수 있어서 이 책의 집필이 가능하였다. 모쪼록 이 책이 독자들이 숲을 달리 인식하고 숲을 통해서 건강하고 만족스런 삶을 사는 데 도움이 되길 바란다.

2004년 12월 밴쿠버에서.

차 례

책을 내며 | 건강한 삶이란 숲과 교류하는 것 **4**

1장. 숲은 건강의 원천이다 **13**

조화로웠던 인간과 숲 **15**

'바이오필리아' 가설 **21**

숲은 건강의 원천 **25**

우리를 건강하게 하는 숲의 특성 **28**

건강을 유지시켜준다 **30** ∣ 부작용이 없다 **30** ∣ 환자 중심이다 **32** ∣ 해결에 중심을
둔다 **32** ∣ 신체의 고통을 덜어준다 **33** ∣ 참여할 수 있는 용기를 준다 **33** ∣ 매우 실
용적이다 **36**

2장. 우리는 왜 숲에서 행복할까 **39**

우리는 숲에 관한 유전자를 갖고 있다 **40**

우리를 변화시키는 숲의 요소들 **45**

동물 **45** ∣ 식물 **49** ∣ 풍경과 경관 **52**

우리는 왜 숲에서 행복한가 **57**

일상과 다른 환경이다 **57** ∣ 자연지역이다 **58** ∣ 육체적 활동 장소다 **59**
스트레스를 풀어준다 **60**

3장. 오감을 되살리는 숲 **75**

보기 **77** ∣ 듣기 **79** ∣ 냄새 맡기 **83** ∣ 맛보기와 느끼기 **86**

오감을 되살리는 숲의 특성 91

자극이 다양하다 92 | 역동적이다 93 | 자극이 생리에 적합하다 93

4장. 신비로운 숲 97

나와 숲이 하나되는 순간 '환상' 100

우리는 왜 숲에서 환상을 경험하는가 102

무의식이 활성화된다 102 | 숲이라는 장소의 느낌 103 | 숲에서의 다양한 활동 104

심신을 회복시켜주는 환상경험 106

5장. 숲에 가면 기분이 좋아진다 111

기분을 전환시키는 숲 112

숲에서 우리는 왜 기분이 좋아지는가 115

숲 도착 전 115 | 보이지 않은 자극 115 | 유전된 친밀감 116
고적감 116 | 추억 120

기분 전환 그후… 120

긍정적으로 생각한다 120 | 원활한 생리현상 121 | 참자아를 만나다 126

6장. 나는 숲을 얼마나 좋아하는가 127

나의 숲 선호도는? 128
우리는 숲을 떠나선 살 수 없다 132

자신이 선호하는 숲 찾기 135

경험 조사지 작성 136 ┃ 경험 목록 작성 137 ┃ 경험 조사지 분석 138
경험 조사지 활용 141 ┃ 처방전 만들기 142

특별한 나의 숲 144

마음이 이끄는 곳이 나의 숲 148

나의 숲 이용하기 153

7장. 숲을 통한 치유 159

숲에 도전해 문제 해결하는 성취치료 163

성취치료 특징 163 ┃ 자존감 회복시키는 프로그램 167

대체치료법으로 주목받는 '캠핑치료' 170

전염병자 격리하면서 시작 171 ┃ 어린이를 위한 캠핑치료 174
정신질환자를 위한 캠핑치료 177 ┃ 캠핑치료 효과 178

8장. 나에게로 떠나는 여행 비전퀘스트 181

나를 찾아가는 숲 여행 '비전퀘스트' 182

나와 만나는 3단계 184

과거와 단절하기 184 ┃ 자신과 대면하기 188 ┃ 다시 세상 속으로 189

자신을 찾은 사람들 191

크리스티 _ 이혼한 부모와 화해하기 191

필립 _ 죽은 친구와의 아름다운 이별 194
에릭 _ 자신과의 화해 196

9장. 숲과 조화롭게 살기 199

나만의 나무 혹은 숲 찾기 202 ┃ 일터나 집에서 식물 기르기 205
창밖의 숲 보기 207 ┃ 숲 사진 보기 208 ┃ 숲 관련 단체 후원하기
209 ┃ 정원이나 텃밭 가꾸기 211

주 214

숲이 직무만족도 높인다 51

숲은 아이들에게 집중력과 호기심 길러준다 55

오르막과 내리막 길의 건강 효과 61

시각 체험 78

청각 체험 82

후각 체험 85

촉각 체험 90

숲에서 체험하기 156

아웃워드 바운드 169

실내 식물 많을수록 직무생산성 높다 205

1장
숲은 건강의 원천이다

건강한 삶은 어떤 것일까? 또 건강하게 살려면 어떻게 해야 하는 가? 이러한 의문은 동서고금을 막론하고 누구나 흥미를 가진다. 특히 행복하려는 욕구가 다른 무엇보다도 앞선 오늘날의 우리들에게는 더욱 큰 관심거리다. 그러나 이 단순한 질문에 대한 답은 그리 간단해보이지 않는다. 우선 '건강'이라는 개념 자체가 사람마다 다 다르게 해석되고 그것을 추구하는 방법 또한 다양하기 때문이다.

여러 가지 해석에도 불구하고 오늘날 가장 많이 인용되는 것은 세계보건기구(WHO)가 선포한 정의다. 세계보건기구는 건강이란 개념을 단순히 육체적 질병이 없는 것뿐만 아니라 정신적, 그리고 사회적으로도 행복한 상태라고 말한다.[1] 즉 몸이 아프지 않은 것을 넘어서 정신적, 심리적, 그리고 사회적으로도 건전하고 행복하게 사는 것을 건강이라고 포괄적으로 정의하고 있다.

이러한 의미를 가지고 자신의 삶을 냉정히 판단해보자. 과연 우리는 건강한 삶을 살고 있는가? 누구도 자신 있게 그렇다고 대답하지는 못할 것이다. 아무리 육체적으로는 질병이 없더라도 현대인들은 정신적으로 또는 사회적으로 여러 가지 문제를 안고 살아가기 때문이다. 그렇다면 왜 현대인들은 건강하지 못한 삶을 살고 있는 것일까? 이 질문에 대한 답 역시도 간단하지 않다. 그렇지만 미국의 심리치료전문가인 온스테인(Ornstein)과 에리치(Ehrlich)[2]가 '현대인들의 마음과 그들이 살고 있는 환경 간의 부조화'가 현대인들이 건강하지 못한 원인이라는 주장에는 주의를 기울일 필요가 있다. 이들의 주장은 최근 몇십 년간 급속히 진행돼온 산업화와 도시화가 인간과 자연의 조화로운 관계를 단절시켜 인간의 삶에 부정적인 영향을 끼쳤으며, 결국 인간은 심각한 정신적, 육체적 질병에 시달리게 되었다는 것이다.

조화로웠던 인간과 숲

인류학자들과 고생물학자들은 인간이 약 200만 년 전에 동아프리카 사바나숲에서 출현하였다는 데 의견을 같이한다. 숲이 인간의 출현과 생존에 아주 적합한 환경을 마련해주었다는 것이다. 예를 들어 숲의 풍부한 물은 인간의 생존에 필요한 자원이었을 뿐 아니라 인간을 맹수와 같은 자연의 적에게서 보호해주는 역할도 하였을 것이다.

　시야가 확 트인 초원지대에서 인간은 사나운 동물이나 불순한 날씨를 감지할 수 있었고, 동물에게서 몸을 피하기 위해 무성한 나무들 사이로 숨어들었다. 이렇게 자연환경을 최대한 활용하여 생존에 성공한 인간은, 인류 역사상 가장 긴 시간을 자연의 일부가 되어 수렵과 채취 생활을 하면서 보낸다. 그 기간이 지난 후 인간은 자연의 질서와 섭리를 모방한 농경을 시작하게 되는데 이때가 약 1만 년에서 1만 2000년 전쯤이라고 한다. 채취에 의존하던 인간이 왜 농사를 시작했는지는 여

인류와 오랜 숲 생활로 오늘날 우리는 특정한 형태의 숲을 선호하는 성향을 갖게 되었다. 모든 것이 노출된 곧은 숲길보다는 적당한 시야가 확보되고 자신이 보호될 수 있는 굽은 숲길에서 우리는 편안함을 느낀다.

러 가지로 설명할 수 있겠는데 늘어난 인구를 충분히 먹여 살릴 동물이나 열매가 부족했을 수도 있고 인간은 창조적이어서 자연현상을 본떠 농사를 시작했을 수도 있다.

농사를 시작하면서 그동안 숲에서 살아온 인간은 거주지를 옮기기 시작하였다. 농사지을 토지를 확보하기 위해 평지로 나오든지 그들이 살아왔던 숲을 농토로 만들어야만 했다. 이때부터 인간은 생태계의 일부가 아니라 생태계를 뛰어나와 조절하고 관장하는 입장에 서게 된다. 그러나 농경생활은 자연과 조화롭게 살아간다는 측면에서 볼 때 인간과 자연을 크게 부조화스럽게 하지는 않았다. 비록 인간은 자연을 이용했지만 자연 친화적인 생활을 해서 자연스럽게 자연과 교류할 수 있었다.

그러나 인간은 집단생활을 하면서 서서히 자연과 부조화롭게 살기 시작하였다. 도시를 형성하고 늘어난 인구를 먹여 살리기 위해 더 많은 농작물이 필요하였다. 더 넓은 농토를 마련하기 위해 자연이 파괴되기 시작하였고 인위적인 방법으로 토지 생산성을 늘리기 위해 농사 방법과 기술이 개발되었다. 그럴수록 농토는 염분 농도가 높아지는 것을 비롯해 여러 요인 때문에 척박하게 변해갔다. 세계 문명의 발상지라는 지역이 이제는 사람이 더는 살 수 없는 사막으로 변모한 사실에서도 이를 알 수 있다.

인간이 숲에서 거주지를 옮긴 또 다른 이유를 기상연구가인 스티븐 숲의 고유한 특성이 인간의 출현과 생존, 그리고 생물학적 진화에 영향을 끼쳤다.

스(Stevens)[3]는 기후에 따른 숲 환경의 변화에 초점을 맞추어 설명하고 있다. 앞서 설명한 대로 초기 숲에서 살던 인간은 자신들을 위험에서 보호해줄 수 있는 적당한 크기의 나무와 숲이 필요했다. 아프리카의 사바나는 바로 그러한 조건을 갖춘 최적의 거주지였다. 그러나 빙하가 발달하면서 북대서양의 기온이 내려가고 그에 따라 차고 건조한 바람이 유럽에서 아프리카까지 불어오기 시작하였다. 이 바람으로 인류의 조상이 거주하던 숲이 변하기 시작하여 점점 초원지대로 바뀌었다. 이러한 숲의 변화는 인간의 생존에 위협을 가했고 이로 인해 적응과 도태의 기로에 있던 인간은 결국 숲에서 나와 집단생활을 하기 시작하였다는 것이 스티븐스의 주장이다.

어떠한 이유에서든지 인류가 숲에서 나와 자연과 최악의 갈등을 겪고 부조화를 이루기 시작한 것이 바로 도시화와 산업화가 진행된 불과 30~40년 전이다. 도시화는 우리의 삶을 편리하게 했지만 그 대가로 오랫동안 지속된 우리와 자연의 조화로운 관계를 깨뜨렸다. 오늘날 지구

인간과 자연환경 (단위 : 년)

지구생성	짐승류 출현	오스트랄로 피테쿠스(유인류) 출현	네안데르탈인(구인) 출현	호모사피엔스(신인) 출현	공동체 생활 시작	급격한 도시화
45억	2억 만	200만	10~15만	1만 (농경 시작)	5000~9000	30~40

인간은 오랫동안 숲과 조화롭게 살아왔다.

의 대부분 인구가 도시에서 살고 우리나라의 경우 국민의 약 80퍼센트 이상이 그렇다.[4]

한 세대를 25년으로 계산해보면 인류가 동아프리카 사바나 지역에 출현한 지 약 10만 세대가 지났고, 농경생활을 시작한 지는 약 500세대가 지났다. 앞 쪽의 표에서 보여주는 바와 같이 인간과 자연의 관계를 심각하게 왜곡시킨 도시 역사는 불과 두 세대에 지나지 않는다. 일흔 살인 한 노인의 인생과 견주면 숲에서 살다가 겨우 69년 8개월쯤에야 다른 사람들과 함께 살기 시작하였고 일흔 살 생일잔치가 막 끝난 후에 지금과 같은 도시생활을 하고 있는 셈이다. 다시 말하면 인간은 대부분의 시간을 자연과 조화롭게 살아왔고 이것은 온스테인과 에리치의 인간과 자연의 부조화가 건강하지 못한 우리 삶의 원인이라는 주장을 뒷받침해주고 있다.

 **'바이오필리아' 가설**

위에서 살펴본 대로 인간의 역사는 숲과 더불어 조화롭게 살아가는 삶의 연속이었다. 그러나 불과 얼마 전, 눈 깜짝할 동안에 시작된 산업화와 도시화가 인간의 전통적인 삶을 너무 심각하게 바꾸어놓고 말았다. 오늘날 도시 사람들은 하루 종일 나무 한 그루, 풀 한 포기 만져볼 시간

급속한 도시화는 오랫동안 지속된 인간과 자연의 관계를 단절시켰다.

조차 없이, 맨땅을 한번 밟아볼 겨를도 없이 바쁘게 살아간다. 이러한 극단적인 인간과 자연의 부조화와 불일치가 우리들을 육체적으로 그리고 정신적으로 병들게 하고 나약하게 한다.

앞서 말한 대로 인간이 약 200만 년 동안 정붙이고 살았던 본거지요 고향인 숲이 현대인의 정신적인 나약함과 육체적 질병을 근원적으로 치료해준다는 사실을 많은 학자들이 연구를 통하여 실증하고 있다. 이때 학자들은 인류의 기원과 역사가 인간의 유전자에 각인되어있다는 윌슨(Wilson)의 '바이오필리아(biophilia)' 가설[5]에 바탕을 두고 연구한다. 바이오필리아란 생명을 뜻하는 'bio'와 사랑을 뜻하는 'philia'의 합성어로 인간의 마음과 유전자 속에 자연에 대한 애착과 회귀 본능이 내재되어있다는 학설이다. 이 가설에 따르면 자연은 인간이 생활하는 데 필요한 여러 가지 물질을 공급하므로 인간은 쾌적하고 만족스럽게 살기 위해서 필연적으로 자연에 의존해야 한다는 것이다.

이러한 윌슨의 주장은 일상에서도 쉽게 확인할 수 있다. 국립공원부터 자연휴양림, 강, 수목원, 심지어 우리 주변의 조그마한 동산에 이르기까지 많은 사람들이 시간과 돈, 그리고 노력을 들여가며 기꺼이 방문하지 않는가. 또 그들은 도시의 인공적인 환경보다는 자연적인 환경을 더 선호하고 여유가 된다면 그런 자연환경에서 살고 싶어한다.

이외에도 윌슨 주장을 뒷받침하는 많은 연구 결과를 찾아볼 수 있다. 뒤에서 더 자세히 언급하겠지만, 간략히 예를 들면 숲이 직장인들의 직무만족도와 생산성에 지대한 영향을 준다든지[6], 어린아이들의 지적 호기심과 집중력을 증가시킨다든지[7], 수술 후 회복률을 높인다든지[8], 정신병환자들의 회복률을 높인다든지[9] 하는 연구 결과로 볼 때도 인간은 바이오필리아 성향을 근원적으로 지니고 있다.

바이오필리아라는 유전적 성향 때문에 우리는 숲에 의존한다.

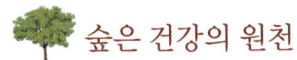 ## 숲은 건강의 원천

숲이 건강을 증진시키거나 질병의 치료에 도움이 된다는 사실은 동서고금을 막론하고 누구나 안다. 전통적인 정의에 의하면 건강이란 육체적인 것뿐만 아니라 정신적인 것도 고려된 총체적인 개념이다. 즉, 개인뿐만 아니라 그 개인이 살아가는 자연환경까지도 건강의 개념에 포함된다. 이런 관점에서 질병은 그 개인이 처한 육체적, 정신적, 그리고 심리적 상황에서 비롯된 것이다. 따라서 우리가 건강하게 사는 방법은 자연과 조화를 이루면서 어느 한곳에 치우치지 않는 균형잡힌 삶을 사는 것이다.

환경은 크게 물리적 환경과 사회적 환경으로 나뉜다. 물리적 환경이란 우리 주변이 어떻게 이루어졌고 그것들이 우리 삶에 어떠한 영향을 주는가를 알게 해주는 것들이다. 물리적 환경에 따라서 우리의 건강은 당연히 달라진다. 현대인들이 처한 물리적 환경을 살펴보면 현대인들은 자연과 단절된 인공 벽에 둘러싸여 있으며 온갖 오염과 공해, 소음 등으로 건강에 심각한 위협을 받고 있다.

사회적 환경은 개인의 고유한 특성(학벌, 직업 등), 살아가는 습관과 태도(취미 등), 그리고 사회적 소속과 유대(학맥, 인맥 등)로 크게 나뉘며, 이 사회적 환경에 따라 정신적, 심리적 만족도가 달라진다. 현대인의 삶의 형태는 각자의 개성을 제대로 발휘하지 못하게 할 뿐만 아니

숲은 잃어버린 자아를 되찾게 해준다.

라 오히려 말살시킨다. 거대한 기계의 부속품이나 다름없는 개인은 자신의 특성이 아니라 사회의 요구에 따라 자신을 변화시켜야 생존이 가능하다. 또한 남보다 앞서야 하고 경쟁력이 있어야만 사회에서 인정받으므로 심한 스트레스도 받는다. 이러한 현대 도시의 물리적, 사회적 환경은 개인 건강을 악화시키고 사회 전체의 행복지수를 떨어뜨린다.

인간의 건강과 행복은 어느 한 가지 요인으로 결정되는 것이 아니라 총체적인 산물이다. 즉 주변 환경, 경제력, 공동체의식 같은 여러 요소들이 어우러져야 인간의 건강과 행복이 극대화된다는 것이다.

특히 물리적 환경은 다른 여러 요소에 영향을 끼친다. 물리적 환경의 예로 숲을 들어보자. 숲은 아름다움을 증가시키는 기본 요인이다. 그리고 환경적으로는 공기를 맑게 하고 적당한 기후를 유지시켜주는 등 오염을 방지하여 우리들이 쾌적하게 살게 한다. 또한 다양한 물질의 공급처로서 우리들의 삶을 풍요롭게 한다. 주변을 둘러보라. 책상과 의자, 종이, 많은 먹거리 등이 숲에서 공급된다.

숲은 공동체가 발전하는 데 견인차 역할을 한다. 숲에서 가족과 친구 심지어는 새로운 사람과도 사회적인 교류를 한다. 숲은 개인의 발전에도 큰 영향을 준다. 대표적으로 여가 시간에 숲에서 얻는 평안과 만족감은 개인이 발전하는 기초가 된다. 또한 숲에서 사람들은 등산과 야영 같은 야외 활동에 필요한 기술과 생물학적 지식을 습득하기도 한다. 이렇게 숲은 인간의 건강과 행복을 좌우하는 여러 요인을 가지고 있고 그것들은 사람들 삶의 질을 높이는 데 큰 역할을 한다. 이러한 숲의 기능은 많은 학자들이 연구해왔으며 이에 대한 자세한 내용은 필자의 또 다른 저서[10]를 참조하기 바란다.

우리를 건강하게 하는 숲의 특성

숲과 인간의 건강에 관한 연관성은 동서를 막론하고 철학, 예술, 그리고 문화 분야에서 오랫동안 논의돼왔다. 그러나 이에 대한 체계적인 사고나 과학적인 검증이 시작된 것은 불과 얼마 되지 않는다. 한 세기 전 미국의 자연보존론자인 뮤어(Muir)는 다음과 같이 주장했다.

"일에 지친 피곤한 수많은 시민들이 산과 숲을 찾고 있으며, 그곳의 공원과 보존된 숲은 생필품이나 깨끗한 물을 공급받기 위해서도 필요하지만 시민들 삶의 샘으로서도 꼭 필요하다."

숲은 현대의학이 지닌 여러 문제를 해결할 수 있는 무한한 가능성을 가지고 있으며, 비록 과학적으로 아직 입증되지 못했더라도 많은 사람들이 이미 체험을 통해 그 사실을 알리고 있다. 따라서 숲의 건강적 효과를 묻는 것은 이제는 어리석다. 그 질문은 숲에서 어떻게 그러한 효

숲은 질병을 예방하는 등 우리를 건강하게 한다.

과가 나타나느냐 하는 쪽으로 옮겨지고 있으며 이에 대한 답은 많은 의학적 대안을 제시해줄 것이다. 가장 기초적인 해답으로 숲이 가진 몇 가지 건강적 특성을 살펴보면 다음과 같다.

건강을 유지시켜준다

"예방이 가장 훌륭한 치료"라는 금언에는 누구도 이의를 제기하지 않을 것이다. 육체적, 정신적 질병을 가진 사람들은 치료의 목적으로 숲을 이용하기도 하지만 대부분 사람들은 현재의 건강을 유지하거나 증진시키려는 목적으로 숲을 찾는다. 사람들은 일상생활에서 얻은 여러 가지 육체적 피로와 정신적, 심리적 압박을 숲에서 해소하고 다시 건강을 회복한다. 만일 숲에서 이러한 효과를 경험하지 못한다면 오늘날 현대인들은 대부분 여러 질병에 걸리고 심리적인 박탈감을 경험할 것이며 이는 개인뿐만 아니라 사회의 행복지수와 생산성에도 크게 부정적인 영향을 끼쳤을 것이 틀림없다.

부작용이 없다

현대의학이 지닌 가장 큰 맹점은 예기치 못한 심각한 부작용이 발생할 수 있다는 것이다. 이런 부작용은 대부분 치료하고자 하는 그 질병보다 더 큰 문제를 일으키며 심지어는 생명을 앗아가기도 한다. 의료 사고는 의료진의 방심과 실수 때문에 일어나기도 하지만 대부분 이러한 부작용 때문에 일어난다.

최근 캐나다의 전국의료협회지에 발표된 연구[11] 결과에 따르면 입원 환자 여덟 명 중 한 명 정도가 치료 부작용에 시달리며 심한 경우에는 목숨까지 잃는다고 한다. 이 내용은 현대의학의 부작용이 얼마나 심각한지 잘 보여주고 있다. 조금 더 구체적으로 살펴보면 연구진은 오타와병원에 입원했던 환자 502명의 진료 기록을 무작위로 추출하여 그들을 진료하지 않았던 의사들이 그 환자들의 치료 부작용 유무, 예방 가능 여부를 판정하게 했다. 그 결과 502명 중 64명이 치료 부작용을 겪은 것으로 나타났으며 이 중 24명은 예방이 가능했다고 한다. 부작용의 원인은 절반이 약품 때문이었고, 31퍼센트는 수술 후유증, 19퍼센트는 병원에서의 2차감염이었다. 64명 중 세 명은 치료 부작용으로 사망했다.

이러한 치료 부작용은 다른 나라에서도 심심찮게 발생하고 있다. 영국에서는 입원환자의 11퍼센트가, 호주에서는 17퍼센트가 치료 부작용을 호소했다고 한다. 그런데 부작용이 대부분 정상적인 치료 과정에서 일어나고 있다는 사실이 현대의학이 안고 있는 근본적인 문제다. 즉, 약물치료가 갈수록 복잡해짐에 따라 부작용의 위험 또한 늘어날 것이기 때문이다.

그러나 숲을 이용하면 이러한 부작용을 전혀 걱정할 필요가 없다. 숲은 사람들이 스스로 자신의 상황을 조절할 수 있게 하므로 사람들이 무리하지 않도록 한다. 또한 인체에 생리적인 부작용을 유발하는 화학적 약물을 투여하지 않고 환자가 일반 병원에서 치료받을 때처럼 긴장하지 않아도 되도록 하며 의료진과 부정적 관계를 맺지 않아도 되게 한다.

환자 중심이다

현대의학이 제시하는 치료법은 환자 입장에서 보면 수동적이다. 모든 것을 의사 손에 맡겨야 하며 그들 판단에 따라 치료를 받아야 한다. 환자의 개인적인 상황을 고려하기보다 질병을 중심으로 치료한다.

반면 숲에서는 질병 자체보다는 환자나 이용자가 더 중요하다. 숲에서 사람들은 오감을 통해 감각하고 느끼며 경험하는데 이것이 치료와 건강의 요인으로 작용한다. 무엇보다도 사람들은 그들의 사회, 경제적 여건에 따라 숲을 이용할 수 있으므로 능동적인 사람이 된다.

해결에 중심을 둔다

육체적, 정신적인 질병의 일반적인 치료 과정은 그 원인을 밝혀내고 분석하는 것이다. 그러나 숲에서는 이러한 접근보다는 문제해결력 향상에 중심을 둔다. 과거의 부정적인 것들을 들추기보다는 현재 관심 있는 것과 미래에 성취하려는 것에 더 관심을 기울이도록 유도한다. 예를 들면 알코올중독자의 목적은 아주 명료하다. 과거의 바람직하지 못한 음주 습관에서 기인된 여러 가지 부정적인 관계를 끊고 긍정적인 부부, 친구 관계 등을 회복하는 것이다. 숲은 이 환자가 왜 음주가 자신의 문제 요인이었는지를 분석하게 하기보다는 자신의 현재 상태를 깨닫고 음주 습관을 숲에서의 활동으로 대치하여 그 습관에서 벗어나게 한다.

신체의 고통을 덜어준다

앞에서 설명하였듯이 인간은 생물학적인 진화로 숲을 친근하게 대한다. 따라서 숲은 일상에서는 느낄 수 없는 흥미와 즐거움 등의 긍정적인 자극을 준다. 이러한 이유로 많은 사람이 숲을 찾는다.

환자에게 병원환경은 두려움과 긴장 등 더 많은 부정적 요인을 제공한다. 그러나 숲은 이러한 요인들을 감소시키거나 중화시킨다. 미국 텍사스A&M대학교의 울리치(Ulrich) 교수의 연구[12] 결과에서 볼 수 있듯이 간접적으로 숲을 이용하면 환자의 고통을 줄일 수 있고 수술 후 회복 기간도 단축시킬 수 있다. 최근 일본에서도 거동이 불편한 암환자들에게 침대에 설치된 비디오로 숲 영상을 보여주자 환자들이 방사선치료와 같은 화학요법으로 인한 고통을 덜 느꼈다고 보고되었다.[13]

참여할 수 있는 용기를 준다

일반적으로 육체적, 정신적 질병은 심리적으로 사람들을 의기소침하

숲은 신체 상태에 따라 자유로이 이용할 수 있다.

숲을 이용하는 데는 특별한 제약이 없다.

고 무기력하게 만든다. 숲은 이러한 사람들이 어떤 것을 새롭게 선택하게 하며 무엇인가에 참여할 수 있는 용기도 준다. 숲의 용도와 숲에서 얻을 수 있는 경험은 무궁무진하다. 신체 상태에 따라 경사의 완급을 선택할 수 있고 자신의 취향에 따라 소나무숲이나 참나무숲도 골라 방문할 수 있다. 또한 물을 좋아하는 사람들은 계곡이나 폭포가 있는 숲을 선택하며 개인적 흥미에 따라 꽃, 동물, 새들을 관찰할 수 있는 장소와 시간을 선택할 수 있다. 산책, 관찰, 조깅, 수영, 사진 찍기, 그림 그리기, 대화, 등반 등 수없이 많은 활동도 할 수 있고 이것들을 자신의 계획에 따라 조합할 수도 있다.

매우 실용적이다

숲을 이용하는 데는 특별한 제약과 노력, 경비나 도구가 필요 없다. 숲을 이용하는 것은 단순한 활동이기 때문에 숲은 즉시 이용할 수 있다. 숲은 사람들의 감정, 인지력, 그리고 행동을 변화시키고 직접 치료한다. 책을 읽다가 눈이 피로해서 창밖의 숲을 바라보았을 때처럼 그 효과는 직접적이고 바로 나타난다. 잠깐이라도 숲에 갔다 오면 사람들은 우울하고 불쾌한 기억을 깨끗이 지우고 활력을 되찾을 수 있다.

인간의 행복은 질병치료나 일상의 문제 해결을 넘어선 개념이다. 그러나 현대의학의 관심은 질병이나 다른 고통받는 문제를 제거하는 데만 있다. 우울증환자를 치료하는 목적은 그 환자에게서 우울을 제거하기

숲은 사람들을 행복하게 한다.

위해서다. 그러나 숲은 일상의 문제를 해결하거나 질병을 치료하는 선을 넘어서 행복감까지 준다. 즉, 이러한 숲의 개념은 곧 삶의 질과 연결됨으로써 숲이 개인의 행복감과 삶의 만족도를 향상시킴을 의미한다. 이런 사실은 많은 연구가들의 보고서로도 알 수 있다. 숲을 통해 개인이 행복해지며 건전한 사회적 관계가 형성된다면 그 개인에게 육체적, 정신적 질병이 없게 될 것임은 당연하다.

숲속으로 햇살이 밀려올 때, 자연의 평화가 당신에게 밀려올 것이다.
숲의 바람은 당신에게 신선감과 생동감을 주며, 그때 당신이 가진 걱정은 마치 가을에 낙엽이 떨어지듯이 사라질 것이다. <존 뮤어>

우리는 왜 숲에서 행복할까

숲은 인간에게 무엇일까? 앞장에서 우리는 숲이 우리에게 풍부한 물질과 쾌적한 환경을 제공할 뿐만 아니라 우리 삶의 근원이자 원천인 동시에 인류의 향수가 밴 고향이란 사실을 살펴보았다. 이 장에서는 '숲이 우리의 건강에 큰 영향을 미치므로 숲을 효율적으로 이용하면 인간이 더 행복해질 수 있다'고 가정하고, 숲과 인간 건강의 관계를 설명한 몇 가지 이론에 대하여 설명하고자 한다.

우리는 숲에 관한 유전자를 갖고 있다

어떠한 상황에 처하거나 경험을 하면 인간은 그것에 영향을 받는다. 그 영향은 그 사람의 지적, 인지적 측면은 물론이고 심리적 측면까지 변화시킨다. 그렇다면 인간은 숲이란 자연환경에 접하면서 또 숲에서 여러 가지 활동하면서 어떠한 영향을 받을까? 또한 이 영향은 인간에게 긍정적일까? 긍정적이라면 왜 그럴까?

1960년대 인지심리학이 발달하면서 인간의 감정과 정서가 매우 중요한 관심거리로 떠올랐다. 감정은 두말할 필요 없이 정신적, 육체적 상태를 변화시키는 큰 요인이다. 아무리 마음의 감정을 숨기려 해도 그에 따라 나타나는 생리적, 육체적 변화는 드러나고 만다. 놀라면 눈이 커지고, 심장의 박동이 빨라지며, 자신도 모르게 도와달라는 소리를 지르게 된다. 반대로 차분한 감정은 혈압과 심장박동을 늦추고, 집중력을 증가시킨다.

인지심리학적 견지에서 숲이 인간에게 주는 영향을 설명하면 숲의 여러 요소, 즉 숲의 아름다움·냄새 등이 인간 정서에 영향을 주고 이 정서가 인지 과정에 작용하여 인간을 변화시킨다는 것이다. 많은 심리학자들은 숲이나 자연환경을 처음 대했을 때 나타나는 반응이 정서라고 주장한다.[14] 재존(Zajonc)이라는 미국 학자는 어떤 대상에 대한 정서는 그것에 대하여 깊게 이해하거나 많은 지식을 갖고 있지 않아도 일어나는데, 이는 인간의 선호 본능 때문이라고 주장한다. 또한 이러한 인간의 선호 본능은 진화론적 입장에서 보면 과거의 경험이나 지식에 의한 것이다.

앞장에서 설명한 바이오필리아 가설과 인지심리학적 이론을 접목해보면 인간은 숲을 선호하는 유전인자를 가져서 숲을 대하면 긍정적인 정서가 발현되며 이 긍정적 정서가 인지 과정에 영향을 주어 변한다는 것이다.

한 개인이 숲을 이용하고 숲에서 영향을 받는 데 결정적인 영향을 끼치는 것은 그 사람이 가지고 있던 숲에 대한 정서와 감정이다. 개인은 경험, 학력, 성장배경 등의 복잡하고 다양한 요인에 의해 숲에 대한 정서를 갖는다. 예를 들어 평소 숲을 자주 찾는, 숲과 친근한 사람과 맨땅 한번 제대로 밟아보지 못한 사람은 숲에 대한 감정과 정서의 수준

숲은 우리에게 긍정적인 정서를 불러일으킨다.

이 너무 다르다.

개인의 이러한 초기 감정 상태는 추후 숲을 통한 변화 여부에도 중요한 영향을 끼친다. 즉, 변화를 받아들일 자세가 됐느냐 안 되었느냐가 바로 이 상태에서 결정되기 때문이다. 따라서 숲을 건강을 유지하거나 병을 치유할 목적으로 이용하는 프로그램에서 참가자나 지도자에게 가장 중요한 첫걸음은 숲을 통한 변화를 받아들일 마음가짐을 잘 준비하는 일이다. 이와 같은 맥락에서 미국의 사회산림학자인 헨디(Hendee)와 브라운(Brown)[15]은 숲을 비롯한 자연환경의 이용에서 사람들이 얻는 심리적인 만족감은 그들이 지닌 감수성에 달려있다고 주장하고 있다. 즉, 그들이 숲에서 무엇인가를 경험하길 원하는가? 그들이 기대하는 것은 무엇인가? 그들은 변화될 준비가 되어있는가? 이 질문들에 대한 답에 따라 그들의 경험에 대한 감수성이 달라질 수 있다는 것이다. 따라서 숲을 통해 얻는 변화의 크기는 각자의 처한 상황과 인생 경험, 그리고 삶의 태도에 달려있을지도 모른다.

예를 들면, 욕구 충족이나 자기 발전을 위해 노력하는 사람들은 심리적인 만족감을 높이는 기회를 그렇지 않은 사람에 비하여 더 바랄 것이다. 그리고 생의 한 단계에서 다른 단계로 넘어가는 시기의 사람들, 예를 들면 청소년에서 어른으로, 중년에서 장년으로, 아픈 상태에서 건강한 상태로, 결혼에서 이혼 단계로 가려는 사람들도 정체돼있는 사람들보다 변화에 대한 갈망이 더 클 것이다. 비슷하게 일상에 변화가 생겼거나 충격적인 일을 겪은 사람들, 예를 들면 새로운 직책을 맡았다든지 사랑하는 사람을 잃었다든지 하는 사람들은 심리적인 행복과 만족을 위해 인생의 방향을 바꾸기도 한다. 이런 사람들은 변화를 쉽게 수용한다. 이와 반대로 변화의 태세를 갖추지 않은 참여자들은 심리적인 행복감과 만족감을 체험하기 어렵다. 이러한 사람들은 현실에 안주하기를 좋아하고 새로운 것에 도전하기를 꺼려하여 변화의 동기를 찾지 못한다.

사람들은 숲을 거닐면서 여러 감각기관을 통해 숲에 대한 초기 감정, 즉 좋아하는 느낌이나 싫어하는 느낌을 갖게 된다. 이러한 숲에 대한 개인의 초기 대응은 그 숲에 대한 그 사람의 정보에서도 기인하지만 그 사람만이 가진 숲에 대한 선호도에서도 비롯된다. 이러한 초기 대응에 따라 사람들 몸에서는 생리 작용이 일어난다. 즉, 호흡이나 혈압이 안정되어 마음이 편안해진다. 이 생리적 변화는 감정과 심리 상태를 변하게 한다. 또한 숲에 대한 감각은 숲을 올바로 감상하고 이해하며 숲에서 긍정적인 경험을 하게 만든다. 숲을 이용한 이런 변화 과정을 통해 사람들은 새로운 희망을 품고 적극적이고 만족스런 삶을 살아가게 된다.

자신이 선택한 숲에 흥미로워한다면 그 사람의 감정적, 생리적인 것이 긍정적으로 변하고 그것은 숲에 대한 호기심과 탐구심으로 이어진다. 반대로 오히려 숲을 혐오하게 된다면 생리적인 것도 급격히 부정적으로 변해 그 사람은 집으로 돌아가든지 할 것이다. 만일 아주 극도로 그 숲을 선호한다면 그 사람은 좀더 적극적이고 도전적으로 행동할 것이고, 선호도가 중간 정도라면 차분하게 행동하게 될 것이다.

 우리를 변화시키는 숲의 요소들

숲은 나무와 풀만의 집합체가 아니다. 숲은 이보다 더 광대하며 사람에 따라 다르게 보인다. 일반적 관점에서 과거 연구 결과를 살펴보면, 우리들의 정신적, 육체적 상태에 영향을 주는 숲의 요소로는 다음의 것들이 있다.

동물

인간은 오랫동안 동물과 밀접한 관계를 맺어왔다. 이러한 성향은 오늘날까지 이어져 미국에서 보고된 자료에 따르면, 전체 인구의 약 56퍼센트가 애완동물을 키우고 있으며,[16] 운동 경기 관람자 수보다 동물원을 찾는 사람 수가 더 많다[17]고 한다. 또한 유치원 책에 등장하는 캐릭터의 90퍼센트 이상이 동물이며[18], 성인의 50퍼센트, 청소년의 70퍼센트 이상이 자신의 애완동물을 신뢰하고 의지한다[19]고 한다. 이와 같은 사실은 인간과 동물이 얼마나 친근한 사이인지 또 동물이 인간에게 얼

동물은 사람들을 정서적으로 안정시키고 건강하게 한다.

마나 중요한 삶의 일부인지를 잘 알려주고 있다.

동물이 인간의 건강에 어떤 영향을 미치는지에 대해서 상당히 활발하게 연구되어왔다. 몇 가지 흥미로운 연구들을 살펴보자. 우선 호주의 멜버른심장병클리닉에서 연구한 것을 보면, 그 병원은 6000여 명의 환자를 애완동물을 키우는 사람들과 키우지 않는 사람들로 나누었다. 연구 결과 남녀를 불문하고 애완동물을 키우는 환자들의 혈압과 콜레스테롤 수치가 그렇지 않은 환자들보다 현격히 낮았다고 한다.[20] 심근경색환자 생존율도 개를 키우는 사람들이 그렇지 않은 사람들보다 여섯 배나 높았다고 한다.[21]

이외에도 많은 보고서에서 동물이 인간의 건강에 매우 긍정적인 영향을 끼침이 밝혀지고 있으며 미국의 사회생물학자인 셰퍼드(Shepard)는 다음과 같은 결론을 내리고 있다. "입원한 환자나 통원치료를 받는 장애자뿐만 아니라 노인, 외로운 어린아이, 스트레스에 시달리는 사람들조차도 동물과 교류하면서 좀더 건강하고 행복해졌으며 오래 생존한 것으로 나타났다. 수감자들의 자살률과 공격적인 행동률이 줄어들었고, 알코올중독자들의 회복률이 높아졌다. 또한 노인들의 자존감이 높아졌고, 암이나 심장병환자의 생존율도 높아졌다. 결손가정 아동들의 감정이 긍정적으로 변했으며 불치병환자들의 마음이 좀더 평안해졌으며, 일반인의 사회성도 증가했다."[22] 결국 영양분의 섭취와 운동이 인간이 건강을 유지하는 데 도움이 되듯이 동물도 필요하다는 것이다.

새를 비롯한 야생동물 관찰은 학습과 여가 활동으로 꾸준히 인기를 모으고 있다. 미국의 경우 5000만 명 이상이 야생동물 관련 모임에 활동하고 있다고 한다. 한 보고서에 따르면 야생동물 관찰은 여가 활동에도 도움이 되지만 건강을 회복하고 유지하는 데도 큰 도움이 된다고 한다.

캔자스 주 정부는 1981년부터 42개의 양로원에 야생동물 관찰과 먹이주기에 필요한 물품을 공급해왔다. 캔자스주립대학교의 케이블 교수팀은 이 프로그램의 효과에 대해 조사하고 분석하였다. 그 결과 이 프로그램에 참여한 사람들은 예외 없이 아주 즐거웠다고 응답하였다고 한다. 특히 이 프로그램에 참가한 사람들은 자존감 증가, 운동능력 증가, 사회성 증가, 가족간의 대화 증가, 고독감과 단절감 감소 등의 효과를 얻었다고 보고서는 밝히고 있다.[23]

식물

왜 사람들은 정원을 가꾸고 꽃다발을 선물하며 병실에 꽃을 꽂을까? 필자가 국립산림과학원과 함께 도심지 숲을 이용하는 성인 2500명을 대상으로 조사한 결과 응답자 대부분이 나무와 꽃이 도시를 아름답고 쾌적하게 하며 도시 사람들을 심리적으로 안정시키고 건강하게 해준다고 답했다.[24] 또한 조사 결과에 따르면 도시의 숲이 직장인들의 직무만족도를 높이고 직무스트레스도 감소시켜주는 것으로 나타났다.[25]

나무를 포함한 식물은 인간을 심리적으로 안정시키고 사람들이 스

식물은 인간의 건강에 이로운 독특한 물질을 방출한다.

숲이 가까이 있는 곳에서 근무하는 직장인의 직무만족도가 높고 스트레스와 이직의사는 낮은 것으로 나타났다. 이 같은 사실은 충북대학교 신원섭 교수와 산림청 국립산림과학원의 연구팀이 지난달 서울 지역 직장인 931명을 대상으로 사무실 주변 숲 존재 여부 등에 따른 직무만족도와 스트레스, 이직의사 등을 조사한 결과 밝혀졌다.

조사 결과에 따르면 숲이 가까운 사무실에서 일하는 직장인 481명의 직무만족도는 62.6(100점 만점)점인 반면 숲이 없는 곳의 직장인 450명의 직무만족도는 59.3점에 그쳤다. 또 이들 직장인이 받는 스트레스는 숲이 있는 경우가 53.1점으로 숲이 없는 경우 57.5점보다 4.4점 낮았으며 숲 주변 직장인들의 이직의사 역시 54.8점으로 숲이 없는 경우 59.0점에 비해 4.2점이 낮게 조사됐다.

이와 관련 숲 주변에서 근무하는 직장인들의 하루 숲 이용 시간은 평균 15분 정도며 조사 대상 직장인들의 80.3퍼센트가 사무실 주변 숲이 직무만족에 긍정적인 영향을 준다고 답했다. 임업연구원 관계자는 이번 조사를 통해 사무실 주변 숲이 생산성 향상에 기여하는 효과가 큰 것으로 나타났다며 기업은 사원들의 복리 증진 및 근무 환경 개선을 통한 기업 경쟁력 제고 측면에서 사무실 주변에 도시 숲을 지속적으로 조성, 확대하는 노력을 기울여야 할 것이라고 말했다. 〈연합뉴스 2002.11.4〉

트레스도 덜 받게 작용한다. 식물들은 자기 방어의 한 방법으로 보통 피톤치드(phytoncide)라는 물질을 방출하는데 이 물질은 살균 기능을 내포해 인간의 건강에 큰 영향을 끼친다고 한다. 필자와 연구팀이 우리나라에 분포한 몇 가지 침엽수를 대상으로 이들이 방출하는 피톤치드의 화학적 성분을 분석해본 결과 피톤치드는 알려진 대로 테르펜(terpene) 계통의 화학 물질로 구성돼있었다. 이 물질은 혈압을 내려 안정시키고, 맥박을 감소시키며, 안정된 상태에서 나타나는 뇌파(α파)의 증가와 같은 인체의 생리적 변화에도 영향을 주는 것으로 나타났다.[26]

풍경과 경관

자연이 연출하는 풍경은 우리가 일상에서 접하는 인위적인 아름다움, 풍경과 전혀 다르다. 앞장에서 설명한 인류의 기원에 대해 잠시 생각해보면 동아프리카의 사바나는 비교적 시야가 확보되어 위험한 동물이나 위협적인 기상현상을 감지할 수도 있었다. 이러한 인간의 원초적인 경관 선호는 현대인들에게까지 전해졌다. 여러 형태의 숲에 대한 사람들 반응을 조사한 결과 사람들은 사바나 형태의 자연(적당한 높이의 나무와 부드럽고 정돈된 느낌의 초원으로 구성된 시야가 확보될 수 있는 형태)을 가장 선호하였다. 이러한 성향은 북미, 유럽, 아시아, 그리고 아프리카를 불문하고 세계적으로 공통적이었다.[27]

　한 연구 결과에 따르면 사람들은 사바나를 보는 것만으로도 분노와

나무를 포함한 식물은 인간의 마음을 안정시키고 인간이 스트레스를 덜 받게 작용한다

공포, 두려움이 감소되고 평안함과 고요함, 여유로움을 느꼈다고 한다.[28] 또한 미국 미시간 주의 주립교도소 수감자를 대상으로 연구한 결과에서 볼 수 있듯이 간접적인 경관 체험도 건강의 유지와 증진에 영향을 미친다.[29] 이와 비슷한 연구로 대기실에 큰 풍경화가 있는 치과와 아무것도 없는 곳의 환자들을 비교했더니 그림을 본 환자들의 혈압이 더 낮고 마음도 더 안정되었다.[30]

숲은 일반인은 물론이고 교도소에 수감 중인 죄수의 건강에도 영향을 준다. 창을 통해 숲을 볼 수 있는 교도소 수감자가 그렇지 못한 수감자에 비해 훨씬 건강하다는 연구 결과가 발표되었다. 미국 미시간대학교의 무어(Moore) 교수는 미시간 주 잭슨에 있는 남미시간 주립교도소 수감자 2648명을 대상으로 창을 통해 숲을 볼 수 있는 수감자들과 그렇지 못한 수감자들을 비교하여 질병의 발병률과 의사를 찾는 횟수 등을 조사하였다.

이 교도소의 감방 중 반은 창을 통해 농경지와 나무가 보이고 있었고 반은 교도소 운동장만 보였다. 이 두 종류의 감방에 수감된 죄수들을 무작위로 추출해 조사해본 결과 운동장만 볼 수 있는 죄수들이 숲을 볼 수 있는 죄수들보다 아파서 의료진을 찾는 횟수가 약 24퍼센트나 높은 것으로 나타났다. 따라서 교도소와 같은 특수한 환경에서도 숲을 간접적으로 경험할 수 있도록 조경과 건물 디자인을 설계하는 것이 중요하다는 사실을 알 수 있다.

학교 숲이 학생들의 집중력 향상은 물론 정서 함양에 큰 도움이 된다는 설문 조사 결과가 나왔다. 국립산림과학원과 충북대학교 신원섭 교수팀에 따르면 최근 수도권의 학교 숲이 있는 학교(9개)와 숲이 없는 학교(10개) 초·중·고교생 1425명을 대상으로 설문 조사한 뒤 일정한 측정 척도에 따라 평균값을 낸 결과, 학습에 도움이 되는 집중력의 경우 숲이 있는 학교(62.5, 100점 만점)가 그렇지 않은 학교(60.3)보다 높았다. 또 호기심과 모험심도 학교 숲이 있는 학교의 평균값은 그렇지 않은 학교(64.4)보다 높은 66.9를 기록했다.

정서적 균형 역시 숲이 있는 학교는 67로 그렇지 않은 학교 65.4보다 높은 것으로 나타나 학교 숲이 학생들의 인성 발달에 큰 효과가 있는 것으로 분석됐다고 국립산림과학원 측은 설명했다. 학교 숲은 이런 장점 외에도 학생들에게 환경에 대한 인식을 높여주고 애교심을 키워주는 데도 큰 도움이 되는 것으로 조사됐다며 학교 숲이 학생들의 교육에 긍정적인 영향을 주는 만큼 학교 숲 조성 사업을 확대하고 학교 숲을 활용한 다양한 프로그램을 개발, 보급해야 할 것이라고 말했다. 〈경향신문 2002.12.4〉

창밖으로 숲을 볼 수 있는 병실 환자들이 그렇지 못한 병실 환자들보다 수술 후 더 빨리 회복되었다.

 ## 우리는 왜 숲에서 행복한가

그저 숲에 있다는 것만으로도, 또는 창을 통해 멀리서나마 숲을 볼 수 있다는 것만으로도 우리는 행복하다. 왜 그럴까? 정답은 없다. 사람들마다 숲에 대한 생각과 느낌이 다르며 이것은 또한 시간과 상황에 따라 달라지기 때문이다. 그러나 분명한 사실은 언제 어디서나 숲은 인간의 행복과 건강에 긍정적 역할을 한다는 점이다. 따라서 앞으로는 숲이 우리의 행복과 건강에 영향을 끼치는가 안 끼치는가보다는 '왜 영향을 끼칠까?'에 논의의 초점을 맞추어야 한다. 이러한 숲의 기능과 메커니즘을 제대로 알아야만 숲을 우리 일상에 과학적으로 적용할 수 있기 때문이다. 결국 숲의 메커니즘은 언젠가 우리가 해독하여야 할 블랙박스인 셈이다. 해독을 앞당기기 위해 몇 가지 알려진 이론들을 소개하면 다음과 같다.

일상과 다른 환경이다

숲은 우리가 일상생활을 하는 도시환경과 여러 측면에서 매우 다르다. 숲이 주는 자극은 일상에서 우리가 느끼는 것과 당연히 다르다. 예를 들면 숲속에서는 마주치는 사람이 적어 고적감마저 느낄 수 있다. 혼잡한 일상은 스트레스 원인이 되며, 스트레스가 쌓인 도시 사람들에게 숲은 잠시의 도피처가 될 수 있다.

숲은 고적하게 홀로 사색할 수 있는 특별한 장소다. 개인이 정신적 피로와 근심에서 잠시 벗어나 평화롭게 쉬게 한다는 것이 환경심리학자들의 공통된 주장이다. 숲속에서 개인은 자신의 감정을 분출하기 때문이다.

우리는 일상생활에서 거의 모든 일을 수동적으로 한다. 기한 내에 일을 마쳐야 하고, 규칙과 약속에 따라 행동하고 지켜야 한다. 그러나 숲에서는 다르다. 모든 일을 자신이 능동적으로 결정할 수 있다. 자신의 능력과 선호도에 따라 숲길을 선택하고, 몸 상태에 따라 쉴 수도 있다. 숲이 주는 이런 행동을 '대응행동'이라 하며 이 대응행동으로 말미암아 사람들은 성취감을 느낀다.

자연지역이다

현대사회에서 벌어지는 모든 일들은 고도의 정신 집중과 정신적 에너지 소비를 요구한다. 예를 들어 길을 걸을 때도 신호등에 신경써야 하고, 그 신호등이 녹색이더라도 혹시 차가 오지 않는지 살펴야 한다. 이러한 일상에서 누적된 긴장으로 우리는 쉽게 정신적, 육체적 피로를 느낀다. 따라서 긴장과 피로를 풀어주지 못하면 집중력이 떨어지고 무기력해지며 궁극적으로는 육체적, 정신적 건강에 심한 손상을 입는다.

집중력 회복 이론(Attention Restoration Theory)[31]에 의하면 어떠한 장소는 사람들의 피로와 스트레스를 풀어주어 원기를 회복시킨다고 한다. 이런 장소는 첫째, 일상에서 떨어져있다는 느낌을 주어야 하고, 둘째, 남들에게서 방해받지 않아야 하며 셋째, 감각을 되살려 에너지를 재충전시킬 수 있어야 한다. 마지막으로 그 사람의 성향이나 활동 목적에 알맞아야 한다. 이 네 가지 특성을 만족시키는 장소를 일반적으로 '자연지역'이라고 하는데 뒤뜰, 정원을 비롯해 산책로, 공원, 숲이 여기에 속한다.

육체적 활동 장소다

현대인들의 많은 육체적, 정신적 질병은 육체적 활동, 즉 운동이 부족해서 생기는 경우가 많다. 비만이나 심장병 같은 만성적인 질병뿐만 아니라 불면증과 같은 정신적인 병도 운동 부족에서 오는 경우가 많다. 특히 많은 연구서들은 심장병이 육체적 활동과 직접적인 관련이 있음을 증명하고 있다. 미국 심장병전문의인 파펜바거(Paffenbarger)[32]와 그의 동료들은 1916년에서 1950년까지 하버드대학교에 입학했던 3만 6000명을 대상으로 심장마비가 일어날 확률에 대해 연구하였다. 이 연구 결과에 따르면 심장마비 발병 요인은 크게 세 가지가 규명되었는데 운동하지 않는 것, 흡연 그리고 고혈압이었다. 이 중 하나를 가지고 있는 사람은 이러한 요인이 전혀 없는 사람보다 심장마비가 일어날 확률이 50퍼센트나 높았다. 그런데 꾸준히 운동했더니 그 확률이 26퍼센트나 감소했다고 한다.

심장병전문의인 버링(Burling)[33]과 포웰(Powell)[34] 등도 심장질환으로 사망한 568명을 대상으로 조사한 결과 육체적 활동을 많이 하지 않은 사무실근로자가 육체노동자보다 사망률이 30퍼센트나 더 높았다고 한다. 또한 육체적 활동과 심장질환에 관한 연구 43건을 분석한 결과 약 70퍼센트가 운동과 같은 육체적 활동이 심장질환에 긍정적인 영향을 준다고 보고했다고 한다.

숲은 사람들에게 육체적으로 많이 활동하게 한다. 숲에는 오르막, 내리막 길이 있으며 사람들은 이 길을 스스로 몸을 움직여 걸어야 한다. 숲에서의 육체적 활동은 사람들을 재미있고 즐겁게 한다. 한발한발 움직여서 정상에 도달했을 때 사람들은 성취감을 맛본다. 이때의 즐거움은 러닝머신 위에서 벽을 바라보며 뛸 때의 즐거움과는 다르다. 숲에서의 육체적 활동은 지루하거나 강제적인 것이 아니기 때문이다.

스트레스를 풀어준다

숲의 여러 가지 매력은 사람들을 육체적, 정신적으로 긍정적으로 변화시킨다. 특히 현대인들이 흔히 겪는 스트레스를 해소하는 데 큰 영향을 준다. 최근 한 온라인 취업 포털 사이트(www.joblink.co.kr)가 직장인 2381명(남 1097명, 여 1284명)을 대상으로 '직장 스트레스'에 대해 설문 조사한 결과, 응답자의 70.3(1674명)퍼센트가 '직장에서 받는 스트레스로 인해 질병을 앓아본 경험이 있다'라고 답했다. 이 조사에서 더욱 중

숲길은 오르막과 내리막 길로 적절하게 이루어져있다. 최근 미국 뉴올리언스에서 열린 미국 심장학회 학술대회에서 발표된 연구에 따르면 숲의 오르막과 내리막 길 모두 각기 다른 효과로 건강에 도움을 준다고 한다. 오스트리아의 심장병전문의인 드레첼(Drexel) 박사는 일반인 45명을 대상으로 알프스 등산로 이용이 건강에 어떤 영향을 주는지 조사하였다. 이 연구에 참가한 45명은 건강하지만 운동은 별로 하지 않는 사람들이었다. 드레첼 박사는 이들에게 3~5시간 걸리는 등산로를 일주일에 한 번씩 두 달 동안 오르게 한 후 리프트를 타고 산을 내려오게 했다. 그 다음 두 달 동안은 반대로 리프트를 타고 등산로를 오르게 한 뒤 내리막길을 걷게 했다. 실험 전에 참가자들의 혈당과 콜레스테롤 수치를 측정하고 실험이 끝난 두 달 뒤 다시 재어 비교하였다. 물론 실험 기간 동안 참가자들이 평소처럼 식사하도록 하여 음식이 실험에 영향을 주지 않도록 했다.

실험 결과 내리막길을 걷는 경우 참가자들의 혈당이 없어지고 포도당에 대한 내성이 증가되었다. 오르막길을 걷는 경우엔 트리글리세리드(triglycerides)라는 혈중 지방이 없어졌다. 또한 내리막과 오르막 길 산책은 모두, 콜레스테롤 수치를 낮추는 데 효과적임이 밝혀졌다.

이 연구 결과는 우리가 통상적으로 오르막길만 운동 효과가 있고 건강에 도움을 준다는 생각이 틀렸음을 알려주고 있다. 이 실험 방법은 우리가 실생활에 응용할 수 있다. 특히 당뇨병환자들의 경우 내리막길이 많은 숲길을 선택해 산책하면 혈당을 낮추는 데 큰 도움을 얻을 것이다. 〈밴쿠버 선 2005.1.7〉

요한 사실은 스트레스를 해소할 마땅한 방법이 없어 '폭음과 폭식'으로 스트레스를 푼다는 직장인이 25.4퍼센트로 가장 많았다는 것이다.

스트레스는 현대인의 가장 무서운 적이다. 물론 감당할 정도의 스트레스는 적당한 긴장감을 주어 더 나은 삶을 만들어가는 원동력이 되고 건강에도 도움이 된다. 따라서 스트레스를 안 받는다기보다는 스트레스를 어떻게 효과적으로 해소하는가가 더 중요한 과제다. 일반적으로 스트레스는 인간의 육체적 건강과 그가 처해있는 환경의 관계를 이해하는 데 중요한 개념이다. 따라서 인간이 받는 스트레스와 그가 처해있는 환경의 관계는 숲이 인간의 건강에 끼치는 영향을 이해하는 중요한 근거가 된다. 스트레스 해소를 위해 대부분 사람들이 숲을 찾는다는 사실이 이러한 관계를 실증하고 있다.

스트레스가 육체적, 정신적 질병의 원인이라는 사실은 잘 알려져있다. 미국의 경우 환자 3분의 2가 스트레스 때문에 발병했다고 한다. 스트레스는 막대한 경제적 손실도 가져온다. 스트레스로 인한 결근, 생산성 저하, 의료비 증가 등으로 기업 측은 연간 약 500~750억 달러의 피해를 입는데 이는 미국 근로자 한 명당 750달러에 해당하는 액수다.

또한 스트레스는 심장질환, 암, 폐질환 등 미국인의 사망 요인이기도 하다. 심장병은 스트레스에 가장 약한 질병이다. 경쟁심, 적개심, 불안감이 심한 환자 3000명을 대상으로 실험한 것을 보면 보통 사람보다 관상동맥질환자의 발병률이 두 배나 더 높았는데, 그 이유는 스트레스가 쌓이는 동안에 지방이 핏속으로 대량 유출되어 핏속의 콜레스테롤 수치가 높아졌기 때문이다. 스트레스와 암, 위궤양의 상관관계는 이미 동물 실험에서 증명됐다. 즉 스트레스를 받은 흰쥐는 보통 쥐보다 암에 대한 면역성이 약했고 위의 출혈도 심했는데 이는 부신피질호르몬이 과도하게 분비돼 면역 체계가 무너졌기 때문이다.[35]

　과거의 연구와 이론 들을 종합해보면 숲은 숲을 이용하는 사람들에게 자제력과 사회적응력을 길러주고, 육체적 건강을 증진시켜주며, 기분도 전환시켜준다고 한다.

① 자제력

어떠한 상황을 헤쳐나갈 때, 스트레스를 주는 업무나 문제를 해결할 때 특히 자제력이 필요하다. 급박하거나 어려운 상황에 처해있을 때 사람들은 대부분 자제력을 잃어 냉철하게 현실을 파악하고 현명하게 판단하기 어렵다. 자제력은 개인이 처한 상황에서 무엇을 어떻게 할 것이며, 그 상황이 앞으로 어떠한 결과를 초래할지 판단하는 능력이다. 일반적으로 우리는 건강하거나 스트레스가 적은 상황에서는 이성적이며 자제력에 별 문제를 느끼지 않는다. 그러나 그렇지 않은 경우에는 쉽게 분노하고 감정 변화도 심해진다.

　많은 연구 결과에 따르면, 스트레스 요인에 대한 자제력은 그 스트레스가 주는 부정적 영향을 줄인다고 한다.[36] 자제력이 있을 때와 그렇지

못할 때 스트레스에 대처하는 능력이 확연하게 다르다는 것은 이미 알려진 사실이다.[37]

② 통제력

숲은 사람들에게 자제력뿐만 아니라 상황에 대한 통제력도 가져다줌으로써 스트레스에 대응하는 능력을 길러준다. 수많은 연구 결과에 따르면 사람들은 공원이나 원생지(사람의 흔적이 없는 원시숲) 같은 곳에서 원기를 회복하고 스트레스도 푸는데 이것이 숲의 가장 큰 역할이라고 인식하고 있다. 연구서에는 숲이 주는 스트레스 해소 효과를 '잠깐 동안의 일상 탈출', '익숙한 것으로부터의 격리', '일의 해방', '의무로부터의 탈피' 등으로 다양하게 표현되어있다. 이렇게 표현은 다르더라도 숲이 주는 가장 중요한 이점이 스트레스 해소임을 알 수 있다.

　재미있게도 인구밀집지역 주변 공원에서 조사한 것에 따르면 공원 숲을 이용하는 사람은 물론이고 이용하지 않는 사람들도 간접적으로 스트레스를 해소하는 효과를 얻는다고 한다. 울리치와 아돔스(Addoms)가 미국 델라웨어 주민들을 대상으로 조사한 결과에 따르면 공원을 직접 이용한 사람들은 스트레스 해소를 공원의 가장 큰 장점으로 꼽았다. 공원을 자주 찾지 않거나 아직 한번도 이용하지 않은 사람들도 "공원과 숲이 거기에 있는 것을 알기 때문에", "언젠가 이용할 수 있기 때문에" 공원이 있는 것에 매우 만족하는 것으로 나타났다. 이 연구 결과는 숲을 직접 이용하는 사람들과 숲 인근의 주민들뿐만 아니라 그외 수많은 사람들을 위해 숲이 더 확대되어야 함을 시사하고 있다.

일상생활에서는 자제하고 통제하는 데 한계가 있다. 따라서 스트레스를 극복하고 스트레스에 대응하기가 매우 어렵다. 예를 들어 어떤 업무를 정해진 시간에 마쳐야 하며, 예정된 시간에 시험을 치러야 한다. 상사의 지시나 긴급한 전화 등은 자기의 통제력 밖이다. 그러나 숲에서는 자신이 상황을 조절하고 통제할 수 있다. 자기의 육체적 상태에 따라 등산로를 선택할 수 있고, 걷는 속도도 조절할 수 있다. 자기가 상황을 분석하고 판단하며 결정할 수 있는 능력을 숲은 키워준다. 이러한 경험과 기회를 통해 사람들은 스트레스에 대처하고 스트레스를 푼다.

③ 사회적응력

사회성은 행복의 중요한 기본 요소다. 사회적 유대 없이 고립된다면 사람은 정신적으로나 육체적으로 질병에 걸린다. 특히 노인의 경우에 강한 사회적 유대감이 그들의 육체적, 정신적 건강을 유지시켜 수명을 연장시키기도 한다.

숲이 사회에 주는 이점은 매우 다양하다. 특히 사회성이 떨어지는 사람들(노인, 부적응아, 환자 등)일수록 숲이 주는 사회적 혜택이 중요하다. 시카고에서 노인을 대상으로 연구한 결과에 의하면 숲의 이용 횟수가 이웃과의 친밀감과 비례한다고 한다.[38] 숲과 녹지를 이용하면서 노인들은 이웃과 유대하고 공동체와 일체감을 느낀다. 이렇듯 숲과 녹지로 구성된 공공장소는 사회 구성원간의 교류에 중요한 역할을 한다.

숲은 사람들에게 일상과 다른 감정과 분위기를 연출시켜 딱딱한 사회적 관계를 부드럽게 한다. 따라서 숲에서 사람들은 서로의 감정을 순수하게 교류하고 이해할 수 있다. 교류가 잦은 사람들끼리 숲을 찾기 때문에 이들은 서로의 감정을 공유하고 충분히 대화를 나눠 서로를 이해한다. 이때 사람들은 사회적 유대감과 일체감을 느낀다.

또한 숲에서는 서로 돕고 이해하지 않으면 소기의 목적을 달성하기 어렵다. 따라서 서로 격려하고 돕는 과정에서 사람들은 협동심과 아울러 이타심을 배운다. 이러한 점에서 숲이 사회 구성원들의 결속력을 높인다는 사실을 알 수 있다.

노인들에게 사회적응력은 장수와 행복을 좌우하는 중요한 요인이다. 숲이 노인들의 사회적응력에 얼마나 중요한지를 알아보기 위해 연구가 수행되었다. 연구자들이 관심을 가지고 조사한 것은 '숲의 존재와 숲을 이용하는 횟수가 이웃과의 결속과 공동체의식과 연관이 있는가?' 하는 것이었다. 64세에서 91세까지 91명의 노인을 대상으로 조사한 결과 거주지의 숲 존재와 숲의 이용량이 노인들의 이웃과의 유대감, 공동체의식 등에 직접적인 영향을 미친다는 사실이 밝혀졌다.[39]

④ 육체적 운동 효과

운동은 육체적 건강의 회복뿐만 아니라 질병 예방에도 직접적인 효과가 있다. 예를 들어 정기적인 운동은 심장을 건강하게 하며 여러 암에 걸릴 위험에서 벗어나게 한다고 한다.[40] 또한 많은 연구가들은 육체적 운동이 정신적 건강에 긍정적인 영향을 끼친다는 데 동의한다. 여기서 말하는 정신적 건강은 종류가 매우 다양한데 특히 스트레스와 우울증 같은 증상이 사라지는 것을 뜻한다.

이러한 사실에 기초하여 우울증환자의 치료요법에 심리치료와 함께 운동요법이 있다. 특히 노인환자나 심장질환과 같은 장기치료환자들의 경우에 우울증과 같은 합병증이 발병하기 쉽기 때문에 규칙적인 운동요법이 권장되고 있다. 미국 노인병학회지에 발표된 루스카넨(Ruuskanen)과 파케타(Parketta)의 연구 결과에 따르면 노인들의 운동량과 우울증은 반비례한다.[41] 노인 장애인들에게도 이러한 현상은 마찬가지였다.

숲은 사람들이 몸을 움직이게 한다. 따라서 숲에서는 자연스럽게 운동 효과를 얻을 수 있다. 그뿐만 아니라 실내에서와 달리 지루하지 않고 재미있게 활동할 수 있다. 숲에는 지형이 다양해서 운동 효과도 다양하게 얻을 수 있다. 예를 들어 숲에서 걷거나 등산할 때도 어느 곳은 평탄하고 또 어느 곳은 경사져있다. 따라서 사람들은 때로는 강하게 때로는 약하게 몸을 움직여야 한다. 숲이 가져다주는 이러한 운동 효

67

2장 우리는 왜 숲에서 행복할까

숲은 노인들의 사회적응력을 향상시켜 노인들이 건강하고 행복하게 살도록 한다.

과로 사람들은 몸은 물론이고 마음까지도 건강해진다.

　최근에 대두된 '생태적 모델'의 이론에 의하면 사람들이 살고 있는 주변 환경 요소는 사람들의 육체적 활동과 아주 밀접하다. 이 이론에 따르면 숲은 사람들이 운동을 하게끔 한다는 것이다. 미국 예방의학회지에 소개된 훔펠(Humpel)의 연구는 아름답지 않거나 불편한 환경에서 사람들은 덜 걷는 경향이 있다고 분석한다. 반대로 아름답거나 쾌적한 환경에서는 더 적극적으로 운동한다고 밝히고 있다. 이 연구 결과에 비추어보면 숲은 사람들에게 운동 동기를 부여한다. 숲은 사람들이 힘들이지 않고 자연스럽게 걷기와 같은 운동에 몰입할 수 있게 해준다.[42]

⑤ 기분 전환

사람들은 숲에서 기분을 전환하며 걱정거리를 잠시 접어둠으로써 마음이 평안해진다. 따라서 혈압이 내려가고 스트레스호르몬양이 낮아지는 등의 생리적 효과도 얻는다.[43] 이러한 숲의 기능은 최근에 알려진 것이 아니다. 고대 페르시아나 그리스 그리고 중국이나 우리나라의 전통 사상에도 나무, 풀, 꽃, 물, 돌 등 숲의 구성 인자들이 심적 또는 정서적 변화에 영향을 준다는 사실이 담겨있다.[44]

　실제로 사람들은 기분을 전환하려고 여행한다. 우울한 기분을 달래기 위해 산책하거나 쇼핑하기도 한다. 또한 사람들은 부정적인 기분을

숲은 사람들을 자연스럽게 운동시켜 건강하게 해준다.

바꾸기 위해 특정한 장소를 찾는다. 예를 들면 피로하거나 스트레스를 받거나 말다툼을 하거나 하는 부정적인 일을 겪은 후 특정한 장소를 찾아 기분을 전환하려 한다는 것이다.

최근의 한 연구에 의하면 사람들이 울적하거나 격노한 일이 있을 때 부정적 기분을 전환하기 위해 찾는 가장 선호하는 장소가 숲과 같은 자연지역이라는 것이다. 이와 반대로 사람들이 불쾌감을 느끼는 장소는 교통이 번잡하고, 사람이 많으며, 소음이 많이 발생하는 곳이었다.[45] 이와 같은 연구 결과를 볼 때 숲은 사람들이 기분을 전환하는 데 가장 적합한 장소임에 틀림없다.

우리는 왜 숲에서 기분 전환의 효과를 얻을까? 이 답 중 하나가 학습과 적응 이론이다. 이 이론에 의하면 인간은 숲을 비롯한 자연과 접촉하면서 이에 반응하고 적응하며 배워가는 잠재력이 있다는 것이다. 그러나 인위적이고 부자연스러운 환경에는 거부감을 느낌다고 한다. 예를 들어 우리가 숲에서 한가하게 시간을 보낼 때와 혼잡한 도시에서 있을 때의 상황을 생각해보자. 숲에서 휴가를 보낼 때는 숲의 편안하고 고요한 환경에 젖어 기분을 전환하지만 교통 체증이 심한 도시에서는 스트레스를 받는 것으로 환경에 반응한다.

환경심리학자들의 주장에 따르면 빌딩을 포함한 인공적인 도시환경은 시각적으로 복잡할 뿐만 아니라 소음도 심해 사람들이 집중하고 빨리 움직이게 한다. 이 때문에 사람들은 스트레스를 받는다. 반면 숲과

같은 자연은 대부분 식물로 구성된 비교적 단순한 환경을 보인다.[46]

앞에서 살펴본 여러 이론 이외에도 최근에는 진화론적인 이론이 대두되고 있다. 즉, 인간은 숲이라는 환경에 적응하면서 진화해왔다는 주장이다. 이 이론을 대표하는 '바이오필리아 가설'에 따르면 이러한 사실이 현대인의 유전자에 각인되어있다고 한다.[47] 그래서 현대인들은 언제나 숲과 자연에 동화될 수 있으며 숲에 있으면 마음이 편안하고 포근하며 행복하다는 것이다.

지금까지 살펴본 이론들을 분석해보면 각 이론들이 숲과 자연을 보는 관점이 매우 유사하다는 사실을 알 수 있다. 어떤 이론들은 용어만 다를 뿐이지 같은 주장이라고 해도 무방하다. 따라서 각 이론의 무엇이 옳고 그르냐를 따지기보다는 보완점에 더 관심을 둬야 할 것이다. 우리가 누리는 숲의 혜택은 보이지 않는 것이어서 우리는 객관적으로 숲의 혜택을 계산하거나 그 실체를 볼 수 없다. 따라서 이에 대한 이론과 관점은 매우 주관적이다.

2장 우리는 왜 숲에서 행복할까

3장
오감을 되살리는 숲

자연과 멀어지면서 인간은 보고, 냄새 맡고, 듣고, 맛보고, 느끼는 감각, 즉 오감이 퇴보한다. 이 오감은 인간의 존재성을 넘어서 인간 행복의 원천이다. 인간은 오감을 통하여 감정과 정서를 만들고 경험한다. 그런데 오늘날 현대인들은 소음, 오염 등의 온갖 인위적 간섭과 방해로 인하여 오감 기능이 무뎌지거나 마비되었다.

오감은 우리 삶에 크게 두 가지로 기여한다. 하나는 우리를 보호해주고 다른 하나는 즐겁게 해준다는 것이다. 시각으로 예를 들어보자. 눈이 있어서 우리는 달려오는 차를 피하고, 눈앞의 웅덩이에 빠지지 않는다. 한편 눈이 있어서 우리는 가을철에 타는 듯한 아름다운 단풍과 청명하고 짙푸른 하늘을 볼 수 있다. 밤하늘의 쏟아질 듯한 찬란한 별은 아름다울 뿐만 아니라 우리의 상상력을 우주 먼 곳까지 펼치게 하며 어린아이들에게는 아름다운 꿈을 가슴속에 품게 만든다.

오감의 두 기능에서 숲을 이용한 건강법에 쓰이는 것은 즐거움의 기능이다. 숲은 우리의 오감을 회복시키고 감정이 긍정적으로 변하게 유도하여 궁극적으로 우리가 생의 즐거움을 느끼도록 한다는 것이다. 숲에는 수많은 요소가 있고 이것들은 우리의 오감을 자극하고 유혹한다. 아름다운 야생화 한 송이와 귀여운 다람쥐 한 마리, 숲속에서 바라보는 석양의 붉은 노을이 우리의 눈을 사로잡는다. 소나무숲에서 풍기는 향긋한 냄새는 그 어떤 향수보다 더 부드러우며 은은하다. 나뭇가지를 스치는 바람소리와 새소리는 도심의 차 소리를 비롯한 인위적 소음으로 무디어진 청각을 부드럽게 되돌린다. 또한 이마를 스치는 시원한 바람과 솜털이불같이 포근한 낙엽으로 덮인 오솔길은 촉각을 되살린다. 숲은 시나브로 다채롭게 변하며 이런 변화는 같은 장소라도 다르다.

숲은 너무 갑작스럽지도 않으면서 천천히 우리의 감각을 자극한다. 숲의 녹색은 건물 벽의 페인트 색과 같이 강렬하지 않으며, 숲의 내음은 은은하다. 그래서 어느 순간 사람들은 더 자주 숲을 찾고 자신의 방식대로 숲에서 자기 몸을 치료하고 건강을 회복한다.

보기

시각은 인간이 가진 감각의 핵심이다. 인간의 말초신경 중 약 90퍼센트를 시신경이 소비한다는 사실을 보더라도 시각은 중요하다. 현대인의 눈은 텔레비전, 컴퓨터, 영상 매체, 각종 인쇄물 등에서 나오는 자극적인 색채로 혹사당하고 있다. 이 때문에 시각을 관장하는 뇌도 지쳐 있다.

숲은 이러한 우리의 눈과 시각을 관장하는 뇌를 편안하게 한다. 이러한 이유로 우리는 녹색을 편안하고 평화로운 색으로 인식한다. 칠판이 녹색인 것도 이 때문이다. 독서를 비롯한 여러 이유로 피로한 눈을 보호하고 시력이 떨어지는 것을 방지하기 위해 잠시라도 창밖의 숲을 쳐다보라는 조언은 언제나 유효하다. 숲이 주는 시각적 자극을 치료와

시각 체험 장면.

시각 체험

5미터 정도 되는 가는 로프와 화장지를 쓴 후 남은 둥근 통, 그리고 돋보기를 준비한다. 숲으로 가 비교적 평탄하고 다양한 식물과 곤충, 그리고 흙의 상태를 관찰할 수 있는 장소를 찾는다. 먼저 로프를 늘어뜨리고 가능한 한 낮은 자세로 통을 눈에 대고 로프를 따라 관찰한다. 좀더 자세히 관찰하려면 돋보기를 통에 대고 볼 수 있다. 이 관찰을 통해서 우리는 그냥 지나쳐온 땅에 많은 식물과 곤충이 있었음을 알게 되며 신비로운 흙의 세계도 체험하게 된다. 여기서 둥근 통은 우리의 시각을 집중시키기 위한 것이고, 눈으로 무언가를 자세히 관찰하는 행위는 우리의 호기심을 자극할 것이다.

건강 증진 수단으로 삼을 수 있는 방법은 다양하다.

숲의 시각적 자극이 인간의 생리적 변화에 미치는 영향은 다양한 연구서에서 밝히고 있다. 필자를 비롯한 연구진이 대학생 집단을 상대로 실험한 결과를 살펴보면 숲의 전경이 담긴 비디오를 보여주었을 때 피실험자들의 혈압과 맥박은 평소보다 더 낮아졌고 그들은 실제로도 마음이 평안하다고 밝혔다.[48] 울리치와 그의 동료들은 120명의 실험 대상자들에게 심한 교통 체증을 담은, 긴장을 유발시키는 비디오를 시청하게 한 후 10분간 평온한 숲 전경이 담긴 비디오를 보여주었다. 비디오를 시청하는 동안 이들의 맥박, 근육, 혈압 상태 등 심리 상태와 관련 있는 생리적 반응을 조사한 결과, 교통 체증 시청으로 인해 증가되었던 혈압, 맥박 수치와 수축되었던 근육이, 숲 전경을 보여준 지 4~6분 만에 안정된 상태로 빠르게 회복되었다.[49]

듣기

우리는 대부분 눈으로 무엇인가를 보고 귀로 무슨 일인가를 듣는다. 즉, 눈은 사물을 식별하고 귀는 사건을 식별한다. 사물을 보고 식별하는 것이 일차적인 감각이라고 생각하지만, 사실 청각이 없으면 어떠한 현상을 종합적으로 이해하기는 불가능하다. 이를 위해 아주 간단한 실험을 해볼 수 있다. 잠깐 텔레비전을 켜 '소리꺼짐' 상태로 시청해보라. 드라마나 코미디 프로라면 도무지 무슨 상황인지 전혀 이해가 가지 않을 뿐만 아니라 사람들의 행동도 너무나 우스꽝스러워 보일 것이다. 반대로 이번엔 눈을 감은 채 소리만 듣고 그 상황을 머릿속으로 그려보자. 보지 않아도 어떤 상황인지 머릿속에 그려질 것이다. 지금도 많은 사람들이 이러한 이유로 라디오를 애청한다.

귀는 듣는 기능 외에도 아주 정교하고 중요한 일을 한다. 생리학자들에 의하면 귀는 아주 작은 압력뿐만 아니라 공기의 미립자가 파동을 일으키는 것도 감지한다고 한다.[50] 또한 그 소리가 어디서 왔는지, 얼마나 떨어진 곳에서 왔는지도 판단하게 한다. 현대 도시인들이 입은 가장 큰 손실은 이러한 귀의 예민한 능력을 상실하고 있다는 것이다. 여러 요인 때문에 그들의 귀는 혹사당하고 무뎌지고 있다. 귀는 외부 소리를 뇌에게 전달하는 역할도 하지만, 이 소리들을 분석해서 구별하는 일도 한다. 이러한 기능 때문에 사람들은 청각을 통해서 즐거움과 감흥, 그리고 만족감을 느낀다.

아름다운 음악과 같이 숲의 소리는 우리를 즐겁고 편안하게 해준다. 그러나 우리는 일상에서 이러한 긍정적인 소리보다는 놀래거나 짜증내는 소리 같은, 귀를 막고 싶은 부정적인 소리를 더 듣는다. 이외에도 직장 상사의 질책이나 직장에서의 독촉하는 전화벨 소리는 그 소리 자체보다도 그것들이 스트레스를 주기 때문에 회피하고 싶어한다. 따라서 숲의 소리는 우리를 평안하게 해주는 몇 안 되는 소리 중 하나다. 그 요인은 다음과 같다.

숲의 소리는 우리 마음을 안정시킨다.

청각 체험 장면.

가능한 한 조용한 시간을 택하여 숲에 가보자. 눈을 감고 주위에서 나는 여러 소리에 귀를 기울여보자. 가능한 한 모든 감각을 정지시키고 청각에만 최대한 집중하여 아주 세세한 소리까지도 들어본다. 그런 후 눈을 뜨고 각각의 소리가 어디에서 왔는지 주위를 살펴본다. 어떤 소리는 어디서 왔는지 쉽게 알 수 있고 또 어떤 소리는 그렇지 못할 것이다. 이번에는 그 소리들이 나에게 무엇을 이야기하는지 상상해보자. 푸른 하늘, 바위, 햇볕, 계곡물, 나무와 풀, 새와 야생동물……. 이들의 노랫소리를 마음으로 듣자. 만일 여러분이 마음을 열고 노래를 듣는다면 꽃망울이 터지듯이 여러분 마음속에서 이 소리들이 피어날 것이다.

이와 반대로 도심의 한가운데나 전철이나 버스에서 눈을 감고 소리를 들어보라. 사람들의 떠드는 소리, 차 소리, 시끄러운 음악 소리 등등……. 이런 소리와 숲의 소리 느낌을 비교하여 어떠한 신체적, 감정적 변화가 있었는지 느껴보자.

첫째, 숲의 소리는 인위적인 소음에 비하여 단순하고 부드러우며 귀가 즐거울 수준의 파동을 일으킨다. 반면 자동차의 클랙슨, 앰뷸런스의 경고음, 공사장의 기계 소리 등 우리가 일상에서 듣는 소리는 자극적이고 돌발적이다. 이러한 소리들은 우리에게 스트레스와 부정적 자극을 주는 동시에 귀를 둔감하게 한다.

둘째, 숲의 소리는 조화롭다. 바람 소리와 산새의 지저귐은 코드가 같아 조화를 이룬다. 하지만 일상에서 우리가 듣는 소리는 서로 코드가 달라 부조화롭다.

셋째, 숲의 소리는 일상에서 듣는 소리와 음색과 음질이 다르다. 달리 표현하자면 숲의 소리는 자연의 소리고 일상의 소리는 기계에서 나는 인위적인 소리다.

자연의 이러한 청각적 특성을 이용하여 오래 전부터 심리학자들과 치료사들은 자연음악치료라는 분야를 개척해왔다. 자연의 소리가 환자들의 감정과 정신에 영향을 주기 때문이다. 예를 들면 산들바람 소리는 정신을 맑게 해주고, 거센 바람 소리는 스트레스를 날려보낸다. 숲은 이러한 자연의 소리를 끊임없이 내보내므로 사람들은 숲에서 기대 이상의 치료 효과를 얻을 수 있다.

냄새 맡기

저녁시간에 맡는 구수한 된장찌개 냄새, 아침에 맡는 갓 구운 빵과 갓

숲의 향기는 생리적 안정을 가져와 편안한 상태에서 발생하는 뇌파를 증가시킨다.

숲에 가서 소나무와 같이 바늘잎을 가진 나무와 참나무와 같이 넓은 잎을 가진 나무의 냄새를 맡아보고 무엇이 다른지 느껴보자. 냄새를 맡기 전에 깊게 숨을 들이쉬었다 내쉬어 가능한 한 도시에서 맡았던 냄새의 흔적을 지운다. 천천히 숨을 들이쉬며 냄새를 음미해보라. 처음에는 일상에서 너무 강렬한 냄새에 길들여져 냄새를 잘 구분하지 못할 수도 있다. 이때에는 잎을 조금 으깨어 냄새를 맡아본다. 그런 후 썩은 나뭇잎과 흙, 버섯, 이끼, 풀, 꽃 등의 냄새를 맡아보자. 각각 냄새와 향이 다를 것이다.

끓인 커피향, 방금 목욕한 어린아이의 냄새 등 이 모든 냄새는 우리의 감성을 긍정적으로 자극한다. 이처럼 냄새는 사람들의 감정과 욕구, 그리고 행동에 영향을 끼친다.

후각은 방향 물질에 아주 민감하다. 냄새는 인간의 생리적 변화에 직접적인 영향을 주는데 코로 들어온 향기 입자는 섬모를 거쳐 신경계에 전달되어 분석된다. 분석 결과가 뇌에 전달되면 기억력, 감정 부위가 활성화되어 이것이 뇌하수체를 자극하여 호르몬을 분비시킨다. 이러한 과정 때문에 우리는 향기 입자에 따라 생리적, 감정적 변화를 경험하게 된다.

향기치료라는 대체치료법이 개발되었다. 이 치료법은 고대 이집트까지 거슬러 올라가는데 식물의 잎, 뿌리, 줄기, 열매 등을 정유해 냄새를 맡게 하거나 피부에 흡입시켜 질병을 치료하는 것이다. 냄새가 사람들의 구매 욕구를 자극한다는 이론이 나와 1990년대 후반 영국을 비롯해 일본에서는 향기 마케팅이 자리잡았다.

다른 감각과 마찬가지로 숲에서 나는 향은 어떤 인위적인 향이 모방할 수 없는 독특한 특성을 가지고 있다. 일반적으로 시각이나 청각이 쉽게 언어로 표현될 수 있는 반면, 후각은 언어로 표현하기가 너무 어렵다. 더구나 숲에서 나는 냄새는 은은하여 더욱 그렇다.

특히 소나무나 잣나무 같은 침엽수림에서 나는 향긋한 냄새는 보통 나무가 가지고 있는 테르펜 계통의 휘발성 물질이 공기 중에 방출된 것인데 이 물질에는 보통 피톤치드란 물질이 들어있다. 연구 결과에 의하면 이 휘발성 물질은 기온과 밀접하여 기온이 올라가면 공기 중에 더 빨리 방출된다. 그외에도 습도와 풍속에도 영향을 받는다. 생장 속도가 빠른 어린 나무가 성년 나무에 비하여 더 많이 방출한다고 한다.

숲의 향기는 인체에 어떤 영향을 미칠까? 연구자들은 숲에서 향을 채취해 향조절장치로 스무 명의 피실험자들에게 흡입시킨 후 그들의 맥박, 혈압, 뇌파, 감정 등을 조사하였다. 그 결과 맥박과 혈압이 안정되고 뇌파가 증가하였으며 마음도 더 편안해졌음을 알 수 있었다.[51]

맛보기와 느끼기

인간이 지닌 감각 중에 가장 기억력이 뛰어나고 가장 변하지 않는 것이 미각이다. 어머니가 해준 음식 맛을 평생 잊지 못하고 오랜 외국생활에도 김치와 된장 맛을 잊지 못하는 것도 이 때문이다. 맛보는 것은 새로운 경험이자 즐거움이기 때문에 사람들은 끊임없이 식도락을 즐긴다. 맛은 과거의 경험과 감정도 되살린다. 그래서 사람들은 원조 음식을 찾아 즐기기도 한다.

숲에는 미각을 자극하는 것들이 많다. 산딸기, 오디, 머루, 다래 같은 열매와 더덕을 비롯한 여러 가지 산나물은 조미료와 향신료에 길들여진 우리의 미각을 되살린다.

사람의 피부 구조는 여러 가지 말초신경이 연결돼 복잡하다. 촉각은 피부를 통하여 감지되며 피부는 온몸을 감싸고 있다. 따라서 우리는 몸 전체로 촉감한다. 촉각은 딱딱함과 부드러움, 거침과 매끈함, 뜨거움과 차가움 등 다양한 느낌을 감지한다. 이런 느낌은 직접 어떤 대상과 접촉하거나 가까이함으로써 경험할 수 있다.

촉각은 다른 감각보다 훨씬 직접적이고 반응도 빠르다. 뜨거운 물건을 만진 순간 무의식적으로 손이 귓불로 가고, 찬바람이 불면 살갗에 오싹 소름이 돋는다. 또한 사람들은 감정을 표현할 때도 촉각을 이용한다. 사랑하고 친근한 사이일수록 더 접촉한다. 엄마가 어린아이를 품에 안고, 사랑하는 연인이 포옹하듯이 이처럼 촉각은 사랑을 표현하는 척도다.

숲은 부드럽고 편안하며 매끈할 뿐만 아니라 거칠고 딱딱하다. 나무

숲에는 거칠고 부드러운 다양한 요소가 존재한다

촉각 체험 장면.

이 체험은 두 사람 또는 여러 명이 짝을 이루어하는 것이 좋다. 먼저 한 사람은 눈을 가리고 다른 사람은 안내자가 된다. 안내자는 상대방을 안내하여 주위에 있는 한 나무로 데려간다. 눈을 가린 사람은 눈을 제외한 손이나 다른 감각기관을 이용해 나무껍질이 얼마나 부드러운지, 나뭇줄기가 얼마나 울퉁불퉁한지, 잎은 얼마나 큰지, 잎의 두께는 어떠한지 등 나무를 느껴본다. 그런 후 안내자는 눈 가린 사람을 원래 자리로 데려온다. 눈가리개를 벗긴 후 그 사람이 어떤 나무를 체험했는지 찾게 하고 눈을 뜬 채 다시 한번 만져보게 한다.

들은 잎과 껍질 그리고 열매가 저마다 다르다. 소나무 껍질은 거북의 등처럼 거친가 하면 쪽동백나무 껍질은 아기 피부처럼 매끄럽다. 낙엽이 쌓인 오솔길은 부드러우나 자갈과 돌이 쌓인 길은 딱딱하다.

이러한 숲의 여러 요소로 우리의 혀와 피부의 감각이 민감해지고 활발해진다.

 ## 오감을 되살리는 숲의 특성

앞에서 살펴본 오감이 인간의 정신적, 육체적 건강을 유지하고 회복하는 데 매우 중요한 역할을 한다는 사실은 누구나 알고 있다. 숲은 앞서 설명한 각각의 감각을 충족시킬 풍요로운 원천이다. 따라서 숲에서는 오감이 열리고 모든 감각을 한꺼번에 느낄 수 있다. 각종 악기로 구성된 오케스트라가 훌륭한 음악을 연주하듯이 숲에서는 각각의 감각들이 어우러져 그 효과가 극대화된다. 숲에서 바라보는 석양의 아름다움과 더불어 멀리서 들리는 들비둘기의 둔탁한 울음소리, 피로를 말끔히 씻어줄 것 같은 상쾌한 바람과 소나무향. 이러한 모든 자극이 어우러져 우리의 마음은 부드러워지고 황홀감에 젖는다.

또한 이러한 자극은 생리적 변화도 가져와 편안한 상태의 뇌파와 엔도르핀이 몸에서 솟아나 몸과 마음은 그 어느 때보다도 즐거워진다.

따라서 우리는 이러한 경험을 통해 고민스런 문제를 대처할 수 있는 정신적, 육체적 활력을 되찾는다. 그렇다면 숲은 어떠한 특징을 가져 우리의 오감을 자극할까? 그 특징을 몇 가지로 간추려보자.

자극이 다양하다

숲을 구성하는 요소는 다양하다. 숲에서 사람들이 다양하게 활동하고 경험하는 것도 이 때문이다. 숲에는 수많은 나무와 풀이 어우러져있고, 새·동물·곤충과 같은 생물이 있고, 흙·물·돌과 같은 무생물도 있다. 또 같은 숲이라도 계절마다 모습이 다르다. 봄에는 파릇파릇한 신록이, 여름에는 짙푸른 수목이, 가을에는 색색의 아름다운 단풍이 무성하며, 모든 것이 사라진 겨울에는 황량하다. 심지어는 같은 숲이라도 아침과 오후, 저녁과 밤의 느낌이 다르다.

숲에는 고독하게 피어있는 야생화가 있고, 도토리를 입에 물고 부지런히 집으로 향하는 다람쥐 모자가 있으며, 하늘로 우뚝 솟은 소나무가 있다. 이러한 것이 우리에게 인공물이 줄 수 없는 색다른 감흥을 준다. 우리가 일상에서 대하는 도시의 인공물은 직선적이고 틀이 일정하지만 숲은 다채롭다.

집이나 사무실 같은 우리의 일상적인 생활공간에서는 실내온도와 조명 등이 항상 일정하다. 하지만 숲은 자연 그대로의 상태기 때문에 다양한 변화를 연출한다. 하루에도 온도와 날씨는 수시로 변하며 솜털

같이 부드러운 민들레 꽃씨부터 소나무의 거친 껍질까지 다양한 것을
보고 느낄 수 있다.

역동적이다

숲은 상투적이고 고정된 도시환경과 달리 역동적이다. 숲은 끊임없이
변하고 움직인다. 구름은 한곳에 머무르지 않고 시시각각 다른 모양으
로 변하며 흐른다. 특히 사람들은 폭포를 볼 때 숲의 역동성을 느낀다.
그때 사람들은 정체된 자신의 삶을 직시하고 변화를 모색한다.

또한 숲의 역동성은 예측할 수 없는 일을 겪을 때 느낄 수 있다. 숲에
서 예기치 않게 고라니와 오소리를 볼 수 있으며 시장에서만 보았던
송이버섯을 한적한 소나무숲 아래에서 발견하기도 한다. 이러한 상황
은 모든 것이 예측 가능한 우리의 일상과는 판이하다.

자극이 생리에 적합하다

앞장에서 설명하였듯이 인간은 오랫동안 숲에서 살아오면서 진화했
다. 따라서 숲에서 얻는 자극이 도심지나 기타 인위적 환경에서 얻는
자극보다 우리에게는 더 적합하다. 아침에 듣는 새들의 지저귐이 자명
종 소리보다 더 즐겁게 상쾌한 하루를 시작하게 한다. 귀를 울리는 전
화벨 소리보다 졸졸졸 흐르는 계곡물 소리가 우리를 더 편안하게 만든
다. 이러한 사실이 바로 숲의 자극이 우리의 생리에 적합하다는 것을

흑림숲에 둘러싸인 독일의 한 병원. 숲은 환자들뿐만 아니라 의료진에게도 정신적, 육체적으로 큰 도움을 준다.

증명한다.

숲은 우리에게 도시생활에서보다 더 다양하고, 강렬하며, 역동적이며, 예측할 수 없는, 인체에 알맞은 자극을 준다. 이러한 자극은 우리의 정서와 감정을 환기시키고 우리를 심리적, 생리적으로 변화시킨다. 건강하다는 것은 감각기관이 제대로 활동함으로써 이르게 되는 즐거운 상태를 말한다. 숲은 현대인들의 무딘 감각을 되살려 건강과 행복을 되찾아주는 재활병원이다.

4장
신비로운 숲

무릉도원(武陵桃源). 그 유명한 「귀거래사(歸去來辭)」를 읊은, 세상을 등지고 숲에서 은둔한 도연명(陶淵明)의 「도화원기(桃花源記)」에 나오는 이상향이다.

중국 진나라 때 어떤 어부가 길을 잘못 들어 낯선 곳에 이르렀는데 그곳 사람들은 복숭아꽃이 만발한 아름다운 자연 속에서 아무 걱정 없이 행복하게 살고 있었다고 한다. 이후 사람들은 그곳을 무릉도원이라고 불렀는데 이 말은 현실 세계에서 찾을 수 없는 이상적인 곳을 가리킨다.

"신선놀음에 도낏자루 썩는 줄 모른다."란 우리 속담이 있다. 어떤 나무꾼이 나무를 하러 산으로 갔다. 그날따라 나무할 곳이 마땅치 않아 자꾸 산속으로 들어가다 보니 어느덧 첩첩산중에 이르렀다. 그런데 저만치 안개구름이 모락모락 피어나는 골짜기에서 흰 수염이 길게 난 두 신령이 장기를 두고 있는 게 아닌가.

나무꾼은 나무할 생각도 잊은 채 두 신선 곁으로 다가가 장기 두는 것을 구경하였다. 얼마쯤 지났을까, 나무꾼은 이제 그만 구경하고 나무를 해야겠다는 생각으로 뒤돌아섰다. 그런데 손에 들고 있던 도낏자루가 썩어있지 않은가? 참으로 이상한 일이었다. 잠시 구경했을 뿐인데 도낏자루가 썩어있다니. 그뿐인가. 집으로 돌아와 보니 모든 게 변해있었다. 벌써 몇 세대가 지나 자기 집에는 후손들이 살고 있었던 것이다.

숲에서 우리는 신비한 경험을 한다.

🌳 나와 숲이 하나되는 순간 '환상'

위의 두 이야기는 숲에서 경험한 환상이다. 한낱 허무맹랑한 이야기에 불과하지만 많은 현대 심리학자들이 이런 현상을 이론화했다. 제임스 (James)의 신비주의(mysticism)[52], 라스키(Laski)[53]의 환상이론(ecstasy), 매슬로의 정상경험(peak-experience)[54], 그리고 칙센트미하이 (Csikszentmihalyi)의 몰입 이론[55] 등이 대표적인 이론이다. 이 이론들은 비록 정의와 관점은 다를지라도 공통점이 있다.

이 이론들이 내세우는 환상경험의 공통점은 첫째, 환상경험은 사람에게 긍정적인 효과를 가져다준다는 것이다. 환상을 경험한 사람들은 자신을 성찰하여 궁극적으로는 성인다운 인격을 갖게 된다.

둘째, 일상에서 겪는 어려움을 극복하게 해준다. 우리는 매일매일 크든 작든 어려움을 겪는다. 어떤 사람들은 이러한 어려움을 극복하지 못하고 쉽게 좌절한다. 조그마한 어려움에도 포기하고 낙담하며 절망한다. 환상경험은 사람들에게 관대함과 용기, 그리고 통찰력을 더 주어 일상의 어려움을 쉽게 극복하게 해준다.

셋째, 사람들과 우주 또는 어떤 다른 힘을 일치시킨다. 즉 환상경험을 한 사람들의 특징은 내가 우주에서 홀로 떨어진 존재가 아니라 우주와 일치된 존재라고 느낀다는 것이다. 그래서 이들은 좁게는 이웃과 자신이 한 몸이며 넓게는 민족, 종족, 피부, 종교가 다른 그들과 자신이

한 형제라는 일체감을 갖는다. 따라서 이들에게 인종 우월성이란 말은 무의미하다. 더 넓게 바라보면 환상경험은 인간과 다른 사물의 관계까지도 일치시킨다. 동식물은 물론이고 우주 만물과 내가 무관하지 않음을 깨우친다. 따라서 어떠한 동식물의 멸종과 어떤 지역에서 일어나는 자연의 훼손에 대해 제 몸이 아픈 것처럼 아파한다.

넷째, 한순간에 그 사람의 모든 것을 몰두시킨다. 그 사람의 의식과 무의식, 모든 감각을 한곳으로 집중시킨다. 따라서 그 사람은 그 순간 비상한 능력을 보이고 경험을 하기도 한다. 또 환상경험은 시간과 공간을 초월한다는 것이다. 앞의 나무꾼 이야기와 같이 나무꾼은 잠시라고 생각했는데 실제로는 몇 세대가 흐른 것처럼 환상경험은 모든 것을 몰입시키므로 물리적인 시공간을 무의미하게 만든다.

많은 연구가들이 밝히는 또 하나의 공통점은 이러한 환상은 숲과 같은 자연 속에서 경험한다는 것이다. 물론 숲이 아닌 다른 경험이나 활동을 통해서도 환상을 경험할 수 있다. 매슬로 같은 학자는 음악, 기도, 스포츠 등과 같은 활동을 통해서도 환상을 경험할 수 있다고 실증하고 있다. 여기서 말하려는 사실은 다른 어떤 장소나 활동보다도 숲에서 환상을 경험할 수 있는 기회와 가능성이 더 많다는 것이다. 라스키도 연구서에서 비기독교인들이 환상을 가장 많이 경험하는 장소가 바로 숲과 같은 자연이며, 기독교인들에게는 숲과 자연이 환상경험을 일으키는 세 번째 요인이라고 밝히고 있다.

환상경험 같은 사람들의 정신적 경험과 숲의 관계는 지난 수십 년간 많은 학자들의 연구 대상이었다. 특히 미국에서는 이러한 연구에 힘입어 원생지법(Wilderness Act)과 같은 법안이 마련되어 사람들의 정신적 건강을 증진시키는 숲과 보존지역의 관리 지침이 실행되기도 하였다.

우리는 왜 숲에서 환상을 경험하는가

숲이 사람들이 정신적 체험을 하는 데 큰 역할을 한다면 그 이유는 무엇일까? 몇 가지로 나누어 살펴보자.

무의식이 활성화된다

숲이 주는 환상경험은 인간이 지닌 무의식과 숲이 가지고 있는 특별한 무엇이 어울려 발생한다고 볼 수 있다. 정신분석심리학자인 융(Jung)은 인간의 원초적 경험이 무의식에 각인되어있어서 이 무의식이 강한 감정을 유발시킨다고 주장했다. 융에 의하면 우리가 경험하지 못했던 역사나 신화조차도 무의식에 유전돼있는데 그중에는 인류가 숲에서 지내온 역사들도 있다. 이 무의식이 숲에서 역동적인 자극을 받아 환상경험을 유발시킨다는 게 융의 주장이다. 일례로 우리가 숲에서 느끼는 강한 경외감이 우리 감정을 자극해 환상을 경험하게 한다는 것이다.

숲이라는 장소의 느낌

사람들이 숲에서 환상을 경험하는 것은 숲이라는 장소를 감각하는 것과 깊은 연관이 있다. 즉 사람들이 숲에서 환상을 경험하는 것은 그 사람과 숲이라는 장소가 복잡하게 대응한 결과라는 것이다. 심리적 측면에서는 환상경험이 무의식 코드와 숲의 코드가 일치될 때 발생된다고 믿는 반면 여기서는 숲이 갖는 물리적, 사회적 환경 인자 때문에 환상경험이 발생된다는 것이다. 즉, 숲이 가지고 있는 순수함과 경외감뿐만 아니라 숲에서의 사회적 교감과 감정 공유, 또는 고립감 등과 같은

숲은 우리의 무의식을 자극한다.

사회환경도 이런 환상을 경험하게 하는 요인이라는 것이다.

숲에서의 다양한 활동

이 입장은 숲이라는 장소가 제공하는 활동을 중요시한다. 칙센트미하이는 숲은 사람들을 아주 특별하게 활동시키며 그 활동은 사람들의 의식과 감각, 힘을 집중시켜 사람들이 시공간을 의식할 수 없는 무아지경에 빠지게 한다고 주장한다. 예를 들면 암벽 등반은 사람들을 고도로 집중시키고 몰입시켜 극도의 환상과 즐거움을 경험하게 한다. 그러나 이 같은 활동은 자신이 할 수 있고 완벽하게 집중할 수 있는 것이어

사람들이 숲에서 환상을 경험하는 것은 숲이라는 장소를 감각하는 것과 깊은 연관이 있다.

야만 한다. 혼신을 쏟을 수 있는 활동이어야 한다는 것이다. 그렇지 않은 활동은 사람들을 쉽게 무력하고 지루하게 해 사람들이 환상을 경험할 수 없다. 자기 능력 밖의 활동들도 불안과 긴장을 유발시켜 환상을 경험하지 못하게 한다.

숲은 사람들이 동적인 활동과 정적인 활동을 동시에 하게 한다. 등산이나 암벽 등반 같은 활동은 동적인 반면 자연과 교류하는 활동들은 정적이다. 이러한 활동 경험은 감정과 감각을 섬세하고 민감하게 한다. 동적인 활동은 앞에서 소개한 '몰입 이론'에서처럼 사람들의 모든 것을 그 활동에 집중시켜 환상을 경험하게 한다.

암벽 등반을 예로 들어보자. 로프 한 가닥에 자신의 모든 것을 맡겨야 하는 상황에서 약간의 방심과 실수는 위험한 사고로 직결된다. 잠깐 다른 생각을 한다거나 발을 헛디디면 목숨을 잃을 위험까지 감수하여야 한다. 따라서 손발의 움직임 하나에도 자신의 정신과 육체적 능력을 모두 집중시키지 않을 수 없다. 자신의 모든 것을 암벽 등반에 집중해야 하기 때문에 사람들은 시간, 육체적 피곤, 외부 환경 같은 모든 것들을 의식할 수 없는 환상적 경험을 하게 된다.

반면 정적인 활동은 아름다움이나 경외 같은 느낌과 감정에서 발생되기 쉽다. 아주 아름다운 광경을 보았을 때 그 순간 우리 의식은 얼어붙는다. 그야말로 우리는 짜릿한 황홀감을 맛본다. 비록 그 순간이 짧더라도 우리는 주위의 모든 것이 사라지고 시공간을 초월한 듯한 체험을 하게 된다. 숲이 주는 이런 황홀하고 신비스런 경험 때문에 숲은 종종 종교의 대상이 된다. 숲은 직접적인 숭배 대상이 되기도 하면서 숭배 대리물로 간주되기도 한다.

심신을 회복시켜주는 환상경험

숲이 주는 신비하고 환상적인 경험은 개인에 따라, 그리고 그 경험이 일어나는 장소에 따라 다양하다. 다시 말하면 숲의 종류나 구조에 따라서도 다양하게 경험할 수 있다는 것이다. 최근 보고된 한 연구 결과에 의하면 이 같은 사실이 명확해진다.[56] 연구자들은 미국의 그랜드캐니언(Grand Canyon)과 바운더리 워터스 카누 에어리어(Boundary Waters Canoe Area) 국립공원 방문객들을 대상으로 조사한 결과 두 지역에서 사람들이 모두 환상을 경험했지만 그 경험이 지역에 따라 판이하다고 보고하였다. 그랜드캐니언의 경우 광활하고 거대한 지형에 압박감을 느끼게 하는 경험인 반면 바운더리 워터스 카누 에어리어는 무성한 숲과 많은 물로 시야가 차단되어 자신이 거대한 자연의 조그마한 일부란 사실을 자각하게 하는 경험이라고 밝히고 있다.

그렇다면 사람들이 숲에서 얻은 이런 신비스럽고 환상적인 경험은 우리 일상에 어떤 영향을 끼칠까? 숲에서의 환상경험이 경험 자체로

숲은 사람들에게 경외감을 주는데 이 때문에 사람들은 숲에서 신비감과 황홀감을 느낀다.

숲은 우리가 거대한 자연의 일부란 사실을 깨우친다.

끝난다면 별 의미가 없다. 그러나 환상경험은 우리 일상의 피로와 스트레스를 푸는 요인이 된다. 마치 종교가, 살면서 묻힌 우리 죄의 얼룩을 씻겨 영혼을 성스럽게 하듯이 숲은 세상에서 얻은 피로와 긴장으로 인해 탈진한 우리 몸과 마음을 회복시켜준다.

5장
숲에 가면 기분이 좋아진다

현대인의 질병은 대부분 편안하지 않은 마음에서 온다는 사실에 이의를 제기할 사람은 없다. '신경성'이라는 접두어가 붙은 정신적인 병뿐만 아니라 수많은 육체의 병도 마음과 무관하지 않다. 심지어 현대의 불치병이라는 암도 약 80~85퍼센트가 환경이나 스트레스 같은 외부 요인 때문에 발생한다고 한다.[57] 이처럼 현대인들은 스트레스 때문에 육체와 정신의 균형이 깨어져 병에 걸린다.

건강한 마음은 정신을 건강하게 하고 감정을 정상적으로 작용시키며 대인 관계를 비롯한 사회생활도 원만하게 한다. 마음이 아프면 정신적으로 나약해지고, 분노·원망·걱정·근심 등의 부정적인 감정이 작용하여 우울증 같은 정신질환이 생긴다. 결국 마음이 병들면 삶의 활력을 잃고 극단적으로는 삶을 포기하는 상태에까지 이른다.

반대로 몸이 병에 걸리면 소화나 순환 같은 생리적 기능이 약화되고 몸도 부자유스러워진다. 따라서 사람이 활력에 넘치고 건강하려면 결국은 몸과 마음이 따로 작용하는 것이 아니라 서로 작용해야 한다.

 기분을 전환시키는 숲

숲은 변화가 거의 없는 일상과 다른 환경이라 사람들은 숲에서 다른 기분을 느낀다. 이러한 기분은 인체의 심리적, 생리적 작용과도 밀접하여 면역 체계, 인식능력, 그리고 행동에도 변화를 준다.[58] 숲과 같은 자연환경이 정신적, 육체적으로 긍정적인 기분과 감정을 가져다준다는 사실은 많은 연구가가 증명하고 있다.

예를 들면 미국의 심리학자인 샤퍼(Shaffer)와 미츠(Mietz)[59] 같은 학자들은 사람들이 숲을 방문하는 가장 중요한 동기가 기분 전환과 아름다움을 경험하기 위해서라고 발표하였다. 크렘슨대학교의 여가심리학자인 해밋(Hammitt)[60]은 더 나아가 여러 종류의 숲 프로그램에 참가한 사람들을 대상으로 조사한 결과 그들은 프로그램에 따라 다양한 기분과 감정을 경험한다고 주장하였다. 사람들은 깊은 숲에서뿐만이 아니라 심지어 거주지 주변 공원의 나무와 식물에서도 여러 가지 기분을 경험하는데 이것이 사람들의 공원 선호도를 결정하는 중요한 요인이라고 한다.[61]

좀더 구체적으로 들어가서 기분 전환이란 무엇일까? 멀리는 아리스토텔레스부터 다윈, 듀이, 프로이트와 현대의 심리학자들까지 기분에 관해 연구해왔지만 아직까지 정의를 통일시키지는 못했다. 다만 학자들 사이에서 동의된 바는 기분은 사람들의 행동, 생리, 그리고 인식 과정에 영향을 준다는 사실이다. 그러나 기분이 구체적으로 어떤 역할을 하는지, 어떠한 작용을 일으키는지에 대해선 역시 결론을 내리지 못하고 있다.

기분을 그림으로 설명하면 다음 쪽 그래프와 같다. 먼저 이 그래프는 즐거움·지루함과 격정·편안함이라는 두 축으로 되어있다. 기분은 이 도면의 어디에 위치하느냐에 따라 설명이 달라진다. 예를 들어 아주 즐겁고 격정적인 상태의 기분은 흥분이고, 즐거운 상태이나 격정적이지 않고 편안한 상태에 있는 기분은 이완이다. 숲은 주로 즐거움과 격정 또는 아주 흥미로운 상태의 기분 즉, 흥분과 몰입의 기분과 즐거움과 편안함이 주는 기분 즉, 쉼과 이완의 기분을 가져다준다. 앞의 기분은 사람들을 진취적이고 적극적으로 행동하게 하고 뒤의 경우에는 자신을 되돌아보며 내적인 평화 상태에 이르게 한다.

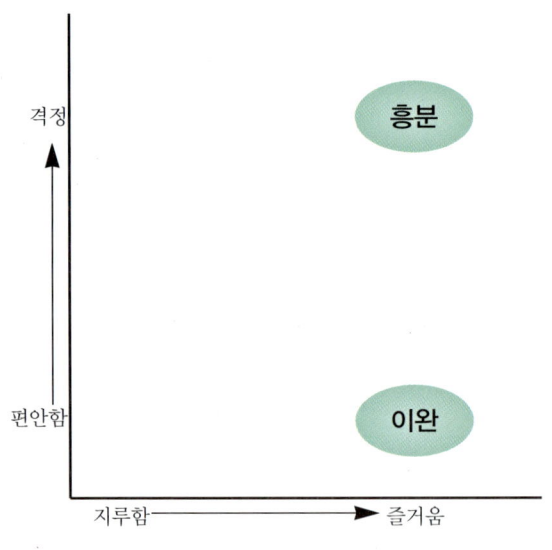

기분 그래프

 숲에서 우리는 왜 기분이 좋아지는가

그러면 숲이 사람들에게 긍정적인 기분을 제공하여 몸과 마음을 건강하게 변화시키는 요인은 무엇일까? 숲이 인간의 기분에 미치는 영향은 매우 복잡하다. 여러 가지 알려지지 않은 요인들이 상호작용을 하므로 그 원인을 구명하기란 쉽지 않다. 그러나 지금까지 밝혀진 숲이 주는 기분 전환의 발생 과정과 원인을 간략히 살펴보면 다음과 같다.

숲 도착 전

사람들 기분은 그 사람의 상태에 따라 다르게 나타난다. 즉, 그 사람의 감정 상태나 상황에 따라 세상이 다르게 보인다. 반 병의 술을 보고 긍정적인 상황에 있는 사람이라면 '반이나 남았다!'라고 느끼지만 반대로 부정적인 상황에 있는 사람이라면 '반밖에 안 남았다!'라고 생각하게 마련이다. 따라서 숲에 도착할 때까지의 기분은 숲에서 얻는 기분에 중요한 영향을 미친다. 숲에 도착할 때까지 여행이 편안했는지, 날씨가 어떠했는지, 누구와 동반했는지 등은 숲에서 얻는 기분 전환에 영향을 주는 요인들이다.

보이지 않는 자극

수없이 많은 보이지 않는 자극이 기분 전환에 영향을 준다. 예를 들면 공기, 미세한 냄새, 색깔 같은 것들이다. 연구에 의하면 일산화탄소가 많은 공기를 흡입하면 피곤하고 공격적인 성향을 나타내며 더 근심하고 걱정하게 된다고 한다.[62] 반면 은은한 숲의 소리와 냄새, 공기 중의 풍부한 음이온들은 사람들 기분을 긍정적이게 한다. 공기에 포함된 음이온과 양이온의 상태[63]와 미세한 소리[64]도 기분 전환에 영향을 준다고 한다.

우리의 오감을 자극하는 여러 요소, 즉 빛·소리·냄새·온도 등은 사람들을 기쁘고 평온하게 한다.

유전된 친밀감

사람들은 장소와 시설에 맞게 행동한다. 주차장에 차를 주차하고, 등산로를 따라 산에 오른다. 장소나 시설뿐만 아니라 물건도 사람들에게 그에 상응하는 기분을 발생시킨다. 예를 들면 총은 사람들을 공포스럽게 한다.

사람들은 숲이라는 장소에서 즐거움과 평온함을 느끼며 긍정적인 기분을 갖는다고 심리학자들은 주장한다.[65] 이런 숲의 의미는 인간과 숲의 오랜 친밀감에서 비롯되었다고 볼 수 있다.

고적감

우리는 낯선 곳에서 혼자만의 시간을 가질 때 고적감을 느낀다. 사람

숲의 여러 요소는 사람을 기쁘고 평온하게 한다.

우리가 숲에서 평온한 것은 오래 전부터 숲과 친밀했기 때문이다.

혼자 있을 때 우리는 성장한다.

을 사회적 동물이라고 일컫듯이 우리는 사람과 사람의 관계를 벗어나지 못하고 살아간다. 따라서 혼자만의 시간을 갖기란 극히 드물다. 그런데 숲은 혼자만의 시간을 갖게 해주고 그러한 시간은 우리 기분을 긍정적이게 한다.

추억

숲은 여러 가지 개인적인 아련한 추억을 떠올리게 한다. 봄철에 진달래꽃을 보면 뒷산에서 소꿉장난을 하던 어린 시절이 생각나고, 소나무에서 날리는 송홧가루를 보면 어린 시절 어머니가 만들어준 다식과 어머니의 따스했던 손길이 떠오른다. 숲은 특별한 추억을 떠올리게 하여 사람들 기분을 전환시킨다.

🌳 기분 전환 그후…

위에서 설명한 여러 요인에 의해 사람들은 숲에서 기분을 긍정적으로 전환한 후 일상으로 돌아온다. 이때의 기분 전환은 사람들의 인식 과정과 행동에 지대한 영향을 끼친다. 일반적으로 사람들은 감정에 따라 생각과 행동이 달라진다. 또한 과거의 경험은 그 사람에게 그때의 감정을 유발시키고 그 기분에 젖게 한다.

긍정적으로 생각한다

기분은 사람들 생활에 지대한 영향을 주어 그가 긍정적 기분에 있는가 아니면 부정적 기분에 있는가에 따라 그의 행동과 세상을 보는 눈이 달라진다. 기분이 긍정적일 때 사람들은 자신의 감정을 조절할 수 있으며, 일을 지속적이고 일관성 있게 한다. 이와 반대로 기분이 부정적일 때는 비관적이거나 비판적이기 쉽고, 타당치 않은 비난에도 쉽게 좌절한다.[66]

기분은 또 한편 성격과 자아에도 영향을 주어서 행복한 사람은 자신을 생산적이고 자존감이 높은 경쟁력 있는 인간으로 생각하는 경향이 있다고 한다. 기분 전환 효과는 대인 관계에도 영향을 주는데 행복한 사람은 친근하고 사교적이며 인정미 있게 다른 사람들을 대한다.[67]

원활한 생리현상

기분이 전환되면 생리적인 변화도 뒤따른다. 즉 박동률과 혈압, 호흡, 피부, 땀 분비량, 위장과 비뇨기 활동 등이 달라진다. 또한 아드레날린, 노르에피네프린, 부신피질호르몬 등의 호르몬 분비도 달라진다.[68]

앞에서 살펴본 대로 긍정적 기분이 사람들의 행동과 생리현상, 그리고 세상을 보는 눈을 바꾼다면 숲은 사람들의 기분을 전환함으로써 사람들이 건강을 되찾고 유지하는 데 직접적인 영향을 끼칠 것이다. 환경심리학자인 스톤(Stone)과 그의 연구진의 연구 결과에 따르면 기분 전환은 사람들의 면역 체계에도 영향을 주는데 숲이나 야외에서 즐거운 활동에 몰입할 때 면역성이 더 생긴다고 밝히고 있다.[69] 심지어 기분 전환이 암의 발병까지 줄인다고 한다.[70]

숲은 우리가 목표를 향해 몰입할 수 있도록 한다. 우리의 정신력과 감각을 집중시키고, 호기심을 자극하며, 일상에서 무뎌진 감각을 되살린다. 인위적인 색채, 냄새, 소음 등에 익숙한 우리 감각이 처음에는 어색해할지 몰라도 차츰 숲과 교류하면서 본연의 모습으로 돌아온다.

생리학자들에 의하면 우리 좌뇌와 우뇌는 역할이 서로 다르다. 좌뇌는 주로 남성적 역할을, 우뇌는 여성적 역할을 한다. 좌뇌는 지적이고 목적지향적이며 의지력, 도전과 성취에 관여한다. 우리가 일상에서 주로 사용하는 것이 바로 좌뇌다. 반면 우뇌는 감성적이며 예술적인 행동을 관장한다. 사랑과 연민, 창조력, 유추 등이 바로 우뇌 역할이다. 이 우뇌는 좌뇌의 목적지향적 역할과 조화를 이룬다.

숲은 좌뇌와 우뇌를 조화시켜 우리가 자아와 만나게 해준다. 숲에서 우리는 두말할 필요 없이 목적지향적인 육체적인 활동을 한다. 따라서 숲에서는 육체적으로 힘듦을 감내하여야 하는데 그렇다고 해서 자기 능력의 한계선을 넘을 정도는 아니다. 언제나 숲에서 우리는 스스로의 한계를 조절할 수 있기 때문이다. 너무 험난한 코스면 우회하거나 다른 지역을 택할 수 있다. 그러나 적절한 육체적 도전은 집중력을 길러주고 흥미를 유발시키며 성취감도 맛보게 한다. 미국의 심리학자인 칙센트미하이는 이런 상태를 '몰입'이라 칭하기도 하였다.[71] 물론 이러한 육체적 도전은 우리 좌뇌를 역동적으로 작용시킨다.

숲은 또한 우뇌의 역할인 창의력과 인식 작용, 그리고 감정을 자극한다. 숲은 일상환경과 아주 다르다. 그래서 인공물 속에서 생활하던 우

숲은 좌뇌와 우뇌를 균형적으로 발달시킨다.

리는 숲에서 자연에 대한 호기심과 미적 아름다움, 경외감을 느낀다. 숲에서 나오는 표현할 수 없는 냄새는 우리 후각을 자극하고, 아름다운 야생화 한 송이는 잃었던 시각을 되살린다. 숲의 아름다움은 우리를 감탄하게 하고 경외하게 한다. 아름다운 산새들의 노래는 소음에 익숙한 귀의 감각을 새롭게 살려주어 우리는 정신을 집중하여 그 소리를 감상한다. 숲은 우리의 감각을 온통 집중시켜 관찰하게도 하고 보게도 한다. 숲의 아름다움을 혹자는 시로, 음악으로, 예술로 승화시키기도 한다. 이처럼 숲은 우뇌의 역할을 활성화시킨다.

숲은 또한 미국의 환경심리학자인 카플란(Kaplan)의 표현을 빌리자면 직접적 관심과 간접적 관심을 가지게 하는 매체다.[72] 직접적 관심이란 앞에서 말한 뇌의 역할로 비교하자면 좌뇌의 활동 영역을 말한다. 우리가 사회생활을 하면서 주로 해야 하는 일들은 노력과 자극, 그리고 경쟁이 뒤따라야 하는 것들이다. 즉 시험, 업무 등은 다른 사람들과 비교되고 경쟁해야 하기 때문에 부단한 노력을 기울여야 한다. 두말할 필요 없이 이 영역은 정신적 피로와 육체적 탈진을 가져온다. 반면 간접적 관심은 우뇌 영역으로 이 영역은 흥미와 호기심 등을 자극한다. 아름다운 자연 경관, 자연의 소리, 자연의 냄새……. 이런 모든 것이 간접적 흥미를 유발시키는 요인들이다. 이러한 직간접적 관심이 적절히 조화를 이루어 우리는 숲에서 더 깊은 자아와 만나고 도시 일상의 흔적을 없애며 상처를 치료한다.

숲은 우리 본성을 되찾는 가장 빠른 길이다.

참자아를 만나다

지금까지 연구된 숲과 자아에 관한 연구들을 살펴보면, 숲은 인간이 자기 인식과 자각을 할 수 있게 함으로써 더 자신답게 살 수 있도록 한다. 또한 인간과 자연을 하나되게 하여 인간이 자연을 정복하고 훼손하려는 오만함을 버리게 한다. 안정되고 다른 사람을 배려하는 마음도 갖게 한다. 숲은 인간이 현재를 충실하게 살고 단순함을 즐길 줄 알며 자기의 가치를 인정하게 한다.

이렇게 보면 숲은 그야말로 우리를 참인간으로 만들어주는 가장 빠르고 안전한 수단인 셈이다. 그런데 오늘날 우리는 일상에서 숲과 자연을 접할 기회가 거의 없다. 왜곡된 자아가 진정한 자기인 양 붙잡고 살아간다. 그러나 우리의 마음속 깊은 곳에는 성인의 마음과 같은 진정한 자아가 자리잡고 있으며 우리는 이것을 되찾기 위해 계속 노력해야 한다.

6장

나는 숲을 얼마나 좋아하는가

앞에서 우리는 유전적, 환경적 요인 때문에 우리가 숲에 의존하고 숲과 친밀한 관계를 맺으며 살아야 한다는 사실을 알았다. 이것은 우리가 물질적으로 풍요롭게 살기 위해서도 필요하지만 우리의 정신적 충만을 위해서도 필수적이다. 그러나 얼마나 숲에 의존해야 하는지, 정신적으로 안정되기 위해 얼마나 숲과 교류해야 하는지는 사람마다 다르다. 이러한 수준은 개인의 여러 특성에 따라 달라진다. 연구자들에 의하면 이러한 개인 차이는 특히 어릴 때 숲과의 교류 경험 유무, 농촌에서 자랐는지 여부, 현재의 거주지, 학력, 성별 등에 따라 다르게 나타난다고 한다.[73]

그러면 나는 숲을 어떻게 느끼며 얼마나 숲에 의존하는가? 숲에서 어느 정도 즐거워하며 어떠한 기대를 하는가? 또 내 인생 전반에서 숲이 주는 즐거움은 어느 정도며 숲을 어떻게 이용하고 숲에서 어떤 활동을 할 때 즐거웠는가? 이런 여러 질문은 앞으로 여러분이 숲을 이용하는 데 아주 중요한 기초 자료가 될 것이다.

 **나의 숲 선호도는?**

숲에 가면 누구나 좋다는 생각을 하지만 자신이 얼마나 숲을 좋아하는지는 잘 알지 못한다. 다음에 소개된 검사지는 원래 미국의 사회산림

사람마다 숲을 느끼고 의존하는 정도가 다르다.

학자인 스탠키(Stankey)[74]가 개발한 것으로 원생지를 이용하는 사람들의 수준을 측정하기 위해 만들어진 것인데 필자가 우리 상황에 알맞게 수정한 것이다. 총 14개 항목으로 구성된 이 검사지는 각 항목마다 '아주 그렇다', '그렇다', '잘 모르겠다', '그렇지 않다', '아주 그렇지 않다' 다섯 개 중 하나로 답할 수 있게 되어있다. 각 항목의 어디에다 답했느냐에 따라 1점에서 5점까지 점수가 부여되기 때문에 점수는 최소 14점에서 최대 70점까지 나올 수 있다. 각 항목별 점수 부여 방법은 검사지 아래에 설명되어있으므로 참조하여 각자의 점수를 매기면 된다.

각 항목의 답은 옳거나 그름을 나타내는 것이 아니고 다만 그 사람이 그 항목에 대하여 어떻게 생각하고 있는가만을 나타낼 뿐이다. 예를 들어 어떤 사람은 밀가루 음식을 좋아하고 또 어떤 사람은 밥을 좋아하듯이 각자의 기호가 다를 뿐이다.

이 검사지는 원래 원생지를 이용하는 사람들을 수준별로 나눠 숲의 관리법과 숲에 관한 정책 등을 결정할 때 참고하려던 것이었다. 이것은 사람들이 숲을 어떻게 생각하는가를 측정하는 도구로서 그 사람의 숲에 대한 선호도뿐만 아니라 의존도까지도 나타낸다고 한다. 이 검사지를 가지고 필자를 포함한 스탠키[75], 샤퍼와 해밋[76]이 연구한 결과에 의하면 상위 점수를 가진 사람들은 하위 점수를 가진 사람들에 비해 숲 의존도가 훨씬 높았다. 또한 이들은 사람들이 많지 않은 순수한 자연 상태를 선호하였다. 반면 하위 점수 사람들은 비교적 사람들이 많

나와 숲의 친밀감을 분석하는 검사지

	아주 그렇다	그렇다	잘 모르겠다	그렇지 않다	아주 그렇지 않다
1. 숲에는 등산로를 제외하고 아무런 인공 물이 없어야 한다.	☐	☐	☐	☐	☐
2. 계곡에 인위적 댐이 필요하다.	☐	☐	☐	☐	☐
3. 차가 다니기 위해 숲길에 자갈을 깔아야 한다.	☐	☐	☐	☐	☐
4. 개인 소유의 숲이라면 집이나 별장을 지 어도 좋다.	☐	☐	☐	☐	☐
5. 사냥을 하기 위해 외래종 야생동물을 풀 어도 좋다.	☐	☐	☐	☐	☐
6. 편하게 야영하기 위해 식탁, 식수대, 쇠로 된 화덕이 있어야 한다.	☐	☐	☐	☐	☐
7. 편리한 야영을 위해 사람들이 많은 짐을 가지고 숲에 오는 것을 막아야 한다.	☐	☐	☐	☐	☐
8. 낚시를 하기 위해 외래종 물고기를 풀어 도 좋다.	☐	☐	☐	☐	☐
9. 숲속에 차가 들어오는 것을 막아야 한다.	☐	☐	☐	☐	☐
10. 야생화, 야생동물 같은 것들은 옛날이나 지금이나 변하지 않았다.	☐	☐	☐	☐	☐
11. 숲에서 다른 사람들이 보이거나 소리가 들리지 않아야 한다.	☐	☐	☐	☐	☐
12. 숲은 적어도 2시간 정도를 걸어도 끝이 없는 공간이라야 한다.	☐	☐	☐	☐	☐
13. 숲은 도시에서 멀리 떨어져야 한다.	☐	☐	☐	☐	☐
14. 숲에는 전에 다녀갔던 사람들의 흔적이 없는 게 좋다.	☐	☐	☐	☐	☐

※ 각 항목별 채점 방법

1, 7, 9, 11, 12, 13, 14번 : 아주 그렇다 = 5점, 그렇다 = 4점, 잘 모르겠다 = 3점, 그렇지 않다
= 2점, 아주 그렇지 않다 = 1점

2, 3, 4, 5, 6, 8, 10번 : 아주 그렇다 = 1점, 그렇다 = 2점, 잘 모르겠다 = 3점, 그렇지 않다 =
4점, 아주 그렇지 않다 = 5점

은 숲에서도 만족했고 편리한 시설이 있는 숲도 선호하였다.

 ## 우리는 숲을 떠나선 살 수 없다

검사지는 앞에서 말한 대로 14개 항목으로 구성되어있고 각 항목마다 5개 선다형이라서 총점이 70점이다. 앞에서 각 항목의 점수가 좋거나 나쁨 또는 옳거나 그름을 뜻하지는 않듯이 총점은 그 사람의 숲에 대한 선호도만을 알려줄 뿐이다. 어떤 사람은 소나무숲을 좋아하고 또 어떤 사람은 참나무숲을 좋아하듯이 말이다.

　과거 여러 연구 결과를 바탕으로 점수에 따라 구분된 사람들의 성향과 숲에 대한 의존성은 다음과 같다. 아직 우리나라 사람들을 대상으로 조사한 자료가 충분하지 못하기 때문에 이 자료는 미국과 캐나다 사람들을 대상으로 조사한 것이다.

　60점 이상 : 숲에 대한 의존도가 굉장히 높은 편이다. 만일 총점이 이 수준에 속한다면 일상에서 항상 숲과 교류하여야만 생활에 만족할 수 있다. 이 사람들은 가능한 한 긴 시간을 사람의 흔적을 찾을 수 없는 순수한 숲에서 지내고 싶어하며 이때 다른 사람들에게서 방해를 받으면 심하게 불쾌해한다.

59~51점 : 숲에 대한 의존도가 높은 사람들이 여기에 속한다. 이 사람들은 평소 숲을 자주 접해야 만족스런 생활을 할 수 있다. 이들은 시간이 나는 대로 주변 산이나 숲을 찾으며 숲에 인공물이나 다른 사람들이 있어도 많지 않으면 그다지 큰 영향을 받지 않는다.

50~49점 : 숲에 대한 의존도가 비교적 높은 사람들이 이 점수에 속한다. 이 사람들은 가능한 한 자주 숲을 접해야 만족스런 생활을 할 수 있다. 깊은 숲속이 아니더라도 집 또는 일터 주변의 숲을 이용하고 숲과 교류한다. 또한 직접 숲을 이용하지 않더라도 간접적 이용, 즉 자연과 숲에 대한 다큐멘터리, 영화, 사진 등을 통해서 만족스러워한다.

49점 이하 : 숲에 대한 의존도가 보통 또는 낮은 수준인 사람들이 이 점수에 해당된다. 이들은 깊은 숲속보다는 주변 숲에서 주로 사람들과 함께 숲과 자연을 즐기면서 만족해한다. 숲에 시설물이나 사람들이 많더라도 큰 영향을 받지 않는다. 정원이나 실내 화분의 식물로도 만족스러워한다.

모든 사람은 정도의 차이가 있을 뿐이지 숲과 자연에 의존하지 않고는 정상적인 삶을 살아갈 수 없다. 심지어 교도소에 수감된 죄수들도 창을 통해서라도 숲과 교류하여야만 정신적, 육체적으로 질병과 고통

어렸을 때 경험이 사람들의 숲 이용 성향에 많은 영향을 준다.

을 호소하지 않는다고 연구서는 밝히고 있다.[77] 따라서 앞 검사지의 점
수는 선호하는 숲의 형태와 숲의 의존 정도를 구분하는 것일 뿐이다.
예를 들어 60점 받은 사람이 30점 받은 사람보다 두 배나 숲에 더 의존
하고 숲을 선호한다는 의미는 아니다.

자신의 점수를 가지고 자신이 어떤 성향에 속하는지 분석하는 일은
자신에게 여러 측면에서 중요하고 도움이 된다. 많은 사람들은 그냥

막연히 자연과 숲이 좋다고 생각할 뿐 내가 어느 정도로 숲에 의존하는지 잘 알지 못한다. 여러분 중에서도 검사지 점수를 통해 자신의 수준을 새롭게 안 사람도 있을 것이다. 이 검사지 점수는 자신에게 알맞은 숲과의 교류 형태를 알려주고 그 숲을 이용할 수 있도록 돕는다.

 ## 자신이 선호하는 숲 찾기

사람은 누구나 숲을 사랑하고 숲과 교류하면서 즐거움을 얻는다. 그러나 숲의 형태, 숲과 교류하는 방법 등은 사람마다 취미가 다르고 선호하는 옷이 다르듯이 다양하다. 앞에서 설명한 검사지는 사람들의 그러한 차이를 알아보는 중요한 도구다. 예를 들면 어떤 사람은 아침에 일어나 정원의 작은 나무 한 그루와 마주보며 무언의 대화를 나누는 것이 하루의 즐거움일 수 있다. 또 다른 사람은 도심에서 멀리 떨어진 깊은 숲속에서 아무에게도 방해받지 않는 상태로 홀로 있는 시간을 가장 행복하게 여기기도 한다. 어떤 사람은 큰 나무들이 울창하게 서있는 웅장한 숲을 좋아하는 반면, 어떤 사람은 작은 나무들이 모여있는 초원지대의 숲에서 평안해지고 심리적으로 안정된다. 이러한 성향의 차이는 개인이 지닌 특성, 특히 어릴 적의 경험에 크게 좌우된다는 것이 환경심리학자들의 주장이다.[78]

그러므로 자신이 좋아하는 숲의 형태를 알아보기 위해서는 자신의 경험을 분석하는 것이 매우 중요하다. 사람들은 대체적으로 일관되게 행동하고 선호하므로 경험 분석이 가능하다.

경험 조사지 작성

내가 숲에서 얻은 즐거움과 행복, 또는 평안함 등의 경험은 앞으로 나와 숲의 관계를 지속적으로 유지하고 발전시키는 중요한 동기가 된다. 먼저 아래 표를 살펴보자. 이 표는 지금까지 내가 자연과 숲, 또는 이와 유사한 것에서 얻은 즐거움과 행복, 평안함 등의 긍정적 감정을 기억해 적을 수 있는 공간으로 구성되어있다.

이 표를 작성하면서 사람들은 어릴 적부터 최근에 이르기까지 즐거웠던 기억을 다시 한번 되새기는 기회를 갖게 된다. 이 표에서 경험은

숲과 자연에 관한 경험을 분석하는 조사지

(각 항목에 자신에게 행복과 즐거움, 또는 평안함을 주었던 경험을 가능한 한 많이 기억하여 적는다)

보았던 것	
들었던 것	
냄 새	
맛	
촉 감	
활 동	
특별한 장소	
시 간	

숲과 자연에만 국한되지 않고 지금까지 경험한 모든 것들을 포함한다.

경험 목록 작성

아래 표는 한 40대 주부가 작성한 것이다. 표를 보면 숲과 관련된 많은 경험들이 이 주부의 즐거움과 행복, 그리고 평안함의 원천임을 알 수 있다. 필자의 경험에 의하면 많은 사람들이 숲에서 즐거움과 행복감을

한 40대 주부의 경험 조사지

보았던 것	이른 봄의 벚꽃, 들판에 핀 민들레, 아침 이슬방울, 아기의 웃는 얼굴, 낙조, 노부부의 다정한 산책 모습, 아이들의 노는 모습, 연인들의 포옹, 눈 덮인 설경, 파란 하늘에 떠 있는 구름.
들었던 것	이른 아침 새들의 지저귐, 시냇물 흐르는 소리, 파도 소리, 아이의 웃음소리, 아름다운 음악 소리.
냄새	아침의 맑은 공기, 잔디 냄새, 커피 냄새, 장미꽃 냄새, 어린아이의 목욕한 후 냄새, 솔잎 향기, 송이 향기.
맛	아침 커피, 갓 구운 빵, 송이, 목마를 때 먹는 수박.
촉감	아이의 부드러운 볼과 손, 산들바람, 실크, 밍크코드, 낙엽길 걸을 때, 어린 잔디 만질 때, 따뜻한 온천물, 햇볕에 말린 이불.
활동	산책, 숲길 걷기, 아름다운 꽃 구경하기, 화초 가꾸기, 피곤할 때 온천에서 목욕하기, 꽃 냄새 맡기, 새 노랫소리 듣기.
특별한 장소	어릴 적 자란 시골의 진달래가 만발했던 뒷산, 설악산 장수대, 장엄한 나이애가라 폭포.
시간	뒷동산에서 놀았던 어린 시절, 가을 오후에 장수대에서 보냈던 한적한 시간.

느낀다. 이러한 사실은 인간과 숲의 관계를 연구한 바이오필리아를 비롯한 여러 이론을 실질적으로 증명하여준다.

앞에서 예로 든 주부의 경험 조사지와 같이 각자 자신의 것을 작성해보자. 먼저 서두르지 말고 여유롭게 어릴 때부터 최근까지 내가 경험한 여러 가지를 생각해보자. 특히 대여섯 살 때부터 청소년기까지의 경험은 매우 중요하다. 이 시절의 경험이 새롭고 즐거운 경험을 창출하는 원동력이 되기 때문이다. 기억들은 우리의 잠재의식 속에 내재되어 있는데 그 기억들을 다시 끄집어내는 것만으로도 우리는 향수에 젖고 즐거워진다.

이 경험 조사지를 작성할 때 굳이 시간을 정할 필요는 없다. 두고두고 생각하면 자신에게 즐거움과 행복감, 그리고 평안함을 주었던 아주 소소한 경험을 되살릴 수 있을 것이다. 경험 조사지를 작성할 때는 가능한 한 구체적으로 적는 것이 좋다. 그래야 다시 그러한 경험을 재현할 수 있기 때문이다. 예를 들면 어릴 적 앞마당의 나무에서 놀던 경험이라면 무슨 나무였으며, 그 나무의 무엇이 자신을 즐겁게 했는지 구체화하는 것이다.

경험 조사지 분석

자신의 표가 완성되었으면 한번 분석해보자. 아마도 앞의 주부가 작성한 표와 마찬가지로 즐거웠던 경험은 대부분 숲에 관련된 것이라고 생

사람들이 즐겁고 행복한 경험으로 꼽는 것에는 숲에 관련된 것이 많다.

각된다. 그 누구도 지하철이 붐비고 교통정체현상이 수시로 일어나는 복잡한 도시에서 즐거움을 느꼈을 리 없다. 이 같은 성향은 인간이 공통으로 가진 소위 집단무의식에서 비롯된다. 이 집단무의식은 심리학자 융이 주장한 이론으로 육체의 변화에 대한 정보가 유전되는 것처럼 마음과 정신의 변화에 대한 정보도 유전된다는 것이다. 즉 집단무의식은 오랜 역사를 통해 인간이 경험한 여러 가지 사실, 예를 들면 숲에서의 활동 같은 것들이 인간의 무의식 속에 유전되어 오늘날 현대인에게도 전해졌다는 이론이다.[79]

조사지를 분석하면서 또 한 가지 느끼는 사실은 우리가 일상생활에서 이러한 즐거움과 행복, 그리고 평안을 주는 경험과 얼마나 단절되어 살고 있는가 하는 점이다. 자연과 단절된 채 살아가고 있기 때문에 이런 경험과 단절된 채 살아가고 있는 것은 어쩌면 당연하다. 일상생활에서 우리는 걱정과 스트레스, 불만과 분노 같은 부정적인 자극을 경험하는데 궁극적으로 이러한 것들을 긍정적인 자극으로 바꾸지 않으면 우리는 심각한 육체적, 정신적 위험에 처하게 된다. 따라서 이 조사표는 이러한 위험을 경고하고 일깨우며 조화로운 삶을 꾸려나가는 데 도움이 된다.

다시 자신의 조사지를 보자. 각 항목에 적은 경험들은 당신을 다시 즐겁고 행복하며 평안하게 하는 원천과 수단이 될 것이다. 또한 조사지는 우리가 즐거움과 행복, 그리고 평안함을 얻을 수 있는 활동이 얼마나 많은지도 새삼 깨닫게 해준다. 바꾸어 말하면 우리가 좀더 시간을 내고 노력한다면 행복감을 느낄 기회는 많다는 증거기도 하다.

경험 조사지 활용

우리는 조사지의 경험을 통해 즐거움과 행복감을 느끼므로 재미있고 흥미롭게 그 활동에 시간과 노력을 들일 수 있다. 활동들은 당연히 의무적인 활동에 비해 더 높은 성취감과 만족감을 준다. 또한 여러 가지 어려운 여건에도 불구하고 우리는 그 활동에 더 의욕적으로 참여한다. 조사지에 나타난 경험들은 작성한 사람들이 스스로 참여한 것이므로 행복을 느낀다. 따라서 이러한 활동에는 부작용이나 거부감이 따르지 않는다. 이런 활동들은 사람들의 상황에 알맞게 적용된다. 설악산이나 지리산 숲에서 산책할 만한 시간이나 돈이 없는 상황이라면 차선책으로 가까운 공원이나 숲에서 그런 경험을 할 수도 있다.

　여러 사람이 작성한 조사지를 분석해보면 사람마다 일관된 활동 성향이 있다는 사실을 발견할 수 있다. 예를 들면 앞 주부는 숲에서 산책하는 것에서 가장 큰 즐거움을 느낀다. 그 다음으로 좋아하는 것은 분석하는 사람에 따라 다르겠지만 계곡과 온천 등에서의 경험으로 볼 수 있으며 이러한 분석에 따라 의사가 처방전을 쓰듯 주부는, 스스로 숲과 자연을 이용해 건강을 관리할 수 있다. 이 주부는 숲을 산책함으로써 아름다운 꽃, 석양, 그리고 푸른 하늘을 보았고, 산새들과 계곡의 물

소리를 들었으며, 시원한 산들바람도 느낄 수 있었다. 특히 온천 주변 숲을 선택함으로써 숲에서 산책한 후 온천에서 목욕하여 그 즐거움을 배가시켰다. 이와 같이 자신의 조사지를 바탕으로 자신의 상황에 알맞은 처방을 내려서 그대로 실행해보자.

처방전 만들기

조사지를 바탕으로 자신에게 알맞은 처방전을 만들기 위해서는 다음 세 단계를 거쳐야만 한다.

제1단계 : 조사지를 작성하면서 얻은 것을 확인한다.

· 조사지는 자신이 언제 즐거웠고 행복했는지를 깨닫게 해주었는가?

· 각 항목을 채우면서 자신에 대하여 새롭게 안 것이 있는가?

· 각 경험을 기억하면서 무엇을 느꼈는가?

제2단계 : 경험을 어떻게 활용할 것인가를 평가한다.

· 이런 즐거움을 계속 얻기 위해 어떻게 해야 하는가?

· 지속적으로 행복하려면 위 조사지를 어떻게 이용할 것인가?

제3단계 : 조사지에서 얻은 것을 언제 실행할 것인가를 평가한다.

· 즐거움을 얻기 위해 언제 그와 같은 활동을 시작할 것인가?

자신의 성향에 맞는 숲을 이용하면 우리는 참다운 건강과 즐거움을 누릴 수 있다.

· 즐거움을 얻기 위해 하루 중 언제 시간을 낼 수 있는가?

· 주말이나 휴가 기간에 즐거움을 얻을 것인가?

위와 같은 단계별 평가를 통해 조사지에 나타난 자신의 활동과 경험, 그리고 현재의 자기 상황을 면밀히 분석하고 평가하여, 실용적이고 효과적인 자신만의 처방전을 스스로 만들어 적용할 수 있다.

🌳 특별한 나의 숲

사람들은 누구나 마음속에 소중한 보물을 간직하고 있다. 어떤 사람은 뜻 깊은 추억을, 또 어떤 사람은 자기에게 특별한 의미가 있는 소중하거나 값진 물건을 보물로 간직한다. 그 보물을 생각하거나 꺼내볼 때 사람들은 즐거움과 행복감, 그리고 충만감을 맛볼 수 있다.

나만의 장소, 숲도 앞에서 말한 보물과 같다. 어떤 장소이든 자신에게 평화로움과 행복감, 충만감을 주는 장소가 있다. 어릴 적 고향에서 친구들과 함께 뛰어놀던 놀이터와 같이 아련한 추억이 떠오르는 장소가 바로 그렇다. 편안함과 충만감을 주는 소중하고 특별한 장소 중에는 숲도 있다. 영혼이 순수한 이 시대의 자연주의자 법정 스님은 행복을 다음과 같이 정의한다.

"행복이란 무엇일까요? 밖에서 오는 행복도 있겠지만 자기 마음 안에서 향기처럼, 꽃향기처럼 피어나는 것이 진정한 행복입니다. 그리고 많고 큰 데서 오는 것이 아니고 지극히 사소하고 아주 조그마한 데서 찾아옵니다. 조그마한 것에서 잔잔한 기쁨이나 고마움 같은 것을 느낄 때 그것이 바로 행복입니다.

지나치게 문명이 만들어놓은 편안한 물건들에만 의존하지 말고, 때로는 밤에 텔레비전도 다 끄고, 전기불도 끄고, 촛불이라도 한번 켜보세요. 그러면 산속의 절은 아니더라도 산속의 절 같은 그윽함을 간접적으로라도 느낄 수가 있답니다.

또한 가족들끼리, 아니면 한두 사람이라도 조촐히 차를 마시면서 잔잔한 얘기를 나눌 수 있다면 거기서 또한 삶의 향기가 피어나올 수도 있습니다. 때로는 전화도 내려놓고, 책도 보지 말고, 단 10분이든 30분이든 허리를 바짝 펴고 벽을 바라보고 앉아서 나는 누구인가 물어보세요.

이렇게 스스로 묻는 속에서 자기가 진정으로 누구인지, 도대체 이 세상에 왜 태어났는지 하는 근본적인 삶의 뿌리 같은 것을 확인할 수 있습니다. 문명이 만들어놓은 편안한 물건들로부터 벗어나 하루, 한순간만이라도 순수하게 홀로 있는 시간을 갖는다면 삶의 질이 많이 달라질 것입니다."[80]

나만이 간직한 소중한 숲이 바로 법정 스님의 말대로 잔잔한 행복을

나만의 특별한 의미가 새겨진 장소는 숨겨둔 보물같이 소중하다.

주고 내가 누구인지, 왜 살아야 하는지 등의 삶에 대한 근본적인 질문을 던지게 할 것이다. 필자는 나무와 숲에 대해서 3년째 강의하고 있다. 수강생들은 대부분 숲이나 자연과 무관한 공학과 인문·사회 과학 계열을 전공하는 1, 2학년들이다. 요즘 젊은이들이 그렇듯 학생들은 대부분 나무와 숲을 대해본 경험이 별로 없다. 강의 첫 시간에 필자는 수강생들에게 한 학기 동안의 숙제를 미리 내준다. 그 숙제는 자기만의 특별한 장소에서 자기 나무를 찾아서 친구로 만들라는 것이다. 그러면 학생들은 거의 모두 의아한 눈으로 필자를 쳐다본다. 무슨 숙제가 그렇냐는 것이다. 그러고는 정말 그 숙제를 해야 하는 것인지 아니면 숙제가 장난인지 의혹의 눈길을 다시 한번 보낸다. 숙제를 낸 지 한 달이 다 가도록 친구 나무를 찾지 못해 전전긍긍하는 학생들도 많다. 학생들은 강의 중간중간에 자기 나무와 교류한 내용을 적어내고 또 가끔은 그 경험을 가지고 토론도 한다. 시간이 지나면서 학생들은 조금씩 변하고 필자는 그것을 학생들의 글과 수업 태도에서 직접 느낀다.

처음에는 장난같이 숙제 때문에 자기 나무를 찾았던 학생들은 시간이 지나면서 나무와 깊게 교류하기 시작한다. 특히 어려운 일이 있거나 정신적으로 피곤할 때 자주 자기 나무에게 가서 위안을 받는다. 가족이나 친구에게 못하는 얘기를 자기 나무에게 털어놓기도 한다. 그러다 보면 학생들은 정신적으로 위안받고, 행복해지며, 또 나무가 자기에게 무슨 말을 하는지도 이해하게 된다고 한다.

마음이 이끄는 곳이 나의 숲

이렇듯 자기만의 특별한 숲과 나무는 자기를 돌아보고 내적 충만을 갖게 하며 또한 행복을 깨닫게 하는 원천이다. 내가 피곤하고 어려울 때 찾아가서 위안을 받을 수 있는 고향과 같은 곳이 있다는 것같이 행복한 일이 또 있을까?

그럼 그런 숲을 어떻게 찾을까? 이 질문에 대한 답을 찾기 위해서 앞의 경험 조사지를 다시 한번 분석해볼 필요가 있다. 그 조사지에 기록한 즐거움과 행복감을 경험했던 숲을 다시 찾으면 된다. 나만의 숲, 다시 말하면 나에게 힘이 되고 평안과 행복을 주는 장소를 찾는 방법은 오직 몸으로 느끼는 길밖에 없다. 아무리 아름답고 훌륭한 곳이라 할지라도 자기의 몸과 감각에 맞지 않으면 평안과 행복감, 재충전할 힘을 얻을 수 없다.

다시 말하자면 감각이 끄는 숲을 찾으라는 것이다. 마음을 열고 마음의 소리를 듣자. 우리의 몸과 감각에서 나오는 설명할 수 없는 파장과 숲의 파장이 상응할 때 우리 몸과 마음은 편안해진다. 감각이 끄는 숲을 찾았다면 조용히 마음을 가다듬고 한 시간 가량 머물러보자. 앉거나 서있거나 조용히 걸으며 그 숲을 감상하여도 좋다. 그리고 자신에게 어떠한 변화가 생기는지 느껴보자. 주변의 조그마한 바위, 소리, 새들 등 모든 것을 느껴보려고 힘쓰고 주변에서 어떠한 일이 일어나는지도 살펴보자. 그런 후에야 그곳이 자기의 장소인지 확신하게 될 것이

나만의 숲은 신성한 성소다.

나만의 숲을 가지면 그곳에서 우리는 피로를 풀고 새로운 힘을 얻을 수 있다.

푸른 하늘의 구름이 시시각각 변하듯이 우리가 안고 있는 문제도 변할 수 있다.

다. 자신의 특별한 숲은 자신에게만은 신성한 성소다. 성수로 자신을 정화한 후 들어가야 하는 성당처럼 그곳은 순수하고 악이 없는 깨끗한 곳이다.

자기만의 숲은 일상에서 위안을 받고 싶을 때 언제나 찾아갈 수 있도록 가까운 곳에 있으면 좋다. 피로가 쌓여 재충전이 필요할 때 또는 나만의 시간을 갖고 싶을 때 짧은 시간에 찾아갈 수 있는 일터나 집 근처에 있는 곳이면 더욱 좋다.

직장에서 500미터 이내에 숲이 있어 쉬는 시간이나 점심시간에 자주 이용하는 서울 시내 직장인을 대상으로 연구한 결과를 살펴보면, 이들은 숲을 이용할 수 없는 환경에서 근무하는 사람들보다 직무에서 받는 스트레스가 훨씬 적었고 직무만족도도 높았으며 이직하고 싶다는 생각도 훨씬 적은 것으로 나타났다.[81] 이 결과는 숲이 사람들의 건강과 삶에 얼마나 중요한지를 시사하고 있다.

나만의 특별한 장소로서의 숲은 단절되었던 나와 자연의 관계를 회복시켜주고, 나의 건강 상태를 극대화한다. 이 장소는 이제 여러분 혼자만의 공간이며 여러분을 치유하는 특별한 곳이다. 또한 이 숲에서 여러분은 평안함과 즐거움, 그리고 정신적 충만감을 얻는다. 이런 장소는 가능한 한 구체적이어야 한다.

숲 전체가 이런 장소로 선택될 수는 없다. 그 넓은 숲에서 특별한 곳, 여러분 마음이 그곳이라고 응답하는 장소를 찾아라. 그리고 그 숲을 정기적으로 찾아가 그 숲과 여러분 자신을 일치시키자. 그 숲에서 여러분 감정을 긍정적으로 변화시키고, 육체적인 피로와 정신적인 스트레스를 풀며, 그곳을 창의적 삶을 창출하는 장소로 만들자.

나의 숲 이용하기

자신만의 특별한 장소로서의 숲은 개인들에게 여러 의미를 준다. 미국 사회산림학자 슈로이더(Schroeder) 박사는 미국 전역의 여러 사람들을 대상으로 그들이 가진 특별한 숲의 의미를 조사하여 다음과 같이 정리

특별한 장소로서의 숲의 의미

분 류	의 미
자연성	"우린 이 숲에서 시골스러움과 원시적 자연 풍경을 감상할 수 있어요."
경외감	"나는 이 숲에 최소한 백 번 이상 왔어요. 어느 계절이든지 아름답지요."
평온함	"이 숲의 전원적 풍경을 좋아합니다. 평온을 주지요."
흥분감	"이곳에서 많은 야생화를 발견했을 때 마치 금을 발견한 것과 같은 기분이었지요."
고립감	"이곳은 집에서 7분밖에 안 걸리지만 여기에 오면 세상과 떨어져있는 기분입니다."
탈출감	"나는 혼자 있기를 좋아하고 전화나 텔레비전 같은 문명에서 떨어져있는 것을 좋아합니다."
유대감	"여기는 사랑하는 수많은 친구들과의 기억이 어려있는 곳이지요."
가족사	"몇십 년 전 나의 할아버지는 이곳에 집을 지었대요."
역사성	"이곳에는 인디언의 역사가 숨쉬고 있어요. 다른 곳에 가고 싶지 않아요. 내 머릿속에서는 그 역사가 끊임없이 이어지고 있어요."
애착심	"우리는 이곳을 아주 좋아해서 다른 곳에 가고 싶지 않아요."
감사	"여기에 오면 재충전되는 것 같아요. 참으로 고마운 곳이지요."

하였다.

앞에서 예로 든 것처럼 나만의 특별한 숲을 가지면 숲에 애착을 갖게 된다. 그리고 무엇 때문에 그 숲에 끌렸는지, 그 숲에 가면 어떤 감정이 어떻게 변하며 느낌이 어떤지, 그 숲에서 어떤 육체적, 생리적 변화를 겪었는지 등을 깨닫게 된다.

이제 나만의 숲으로 가서 영감을 얻고 충전해보자. 인디언들이 지치거나 피곤할 때 전나무를 끌어안고 그 나무의 기를 받듯이 우리도 자기만의 특별한 숲에서 일상의 피로와 근심을 털어버리고 새로운 힘을 얻을 수 있다.

나만의 숲에서는 긴장을 풀고 가능한 한 주변의 아름다움을 마음껏 받아들인다. 그리고 자신의 몸에 집중한다. 몸 각 부분에 모든 신경과 의식을 집중시키고 주의를 기울인다. 이때 자신의 모든 감각기관을 활짝 열고 자신과 숲을 일치시키는 것이 무엇보다 중요하다.

나만의 숲에서는 자신을 돌아보고 반성하며 앞으로 인생 지도도 그릴 수 있다. 그곳에서는 아무도 나를 방해하지 않으며, 고해소에서 자신의 죄를 고백하고 새 사람이 되듯이 그 숲을 자연의 고해소로 활용할 수 있다. '숲은 원초적 성당'이란 말과 같이 숲의 신비로움을 통해 얼마든지 신의 위대함을 느끼고 신을 경외할 수 있다.

우리는 신을 주로 형이상학적으로만 이해하려는 경향이 있는데 초월주의자인 에머슨(Emerson) 같은 철학자들은 숲도 하느님의 위대한 창조물이므로 숲을 통해서도 하느님의 섭리를 충분히 이해할 수 있다고 주장하였다. 나만의 숲은 이처럼 성소 같은 역할을 하므로 여러분을 새롭게 태어나게 할 것이다.

사물과 하나되기

나만의 숲에 도착하여 숲과 친숙해지기 위한 시간을 갖는다. 어느 정도 주변과 익숙해졌으면 마음이 끌리는 장소에 앉는다. 옆에 있는 바위를 손을 펴 잡는다. 몸과 마음을 이완시키고 모든 의식을 바위에 얹은 손바닥에 집중시킨다. 그리고 그 바위의 역사와 생에 대하여 상상해본다. 그러면 손바닥과 팔, 그리고 몸의 신경을 통해 뇌까지 그 바위의 생생한 파장이 전해지는 것을 느낄 것이다.

눈을 감으면 그 파장이 머릿속에서 영상으로 바뀌어 그 바위의 일생을 영화처럼 볼 수 있다. 그때의 느낌과 그 바위의 일생에서 배울 점이 무엇인지 느껴보자. 5분 내지 10분 후에 눈을 뜨고 현재 바위의 모습은 어떤지 살펴보자.

과거 돌아보기

종종 자신의 과거를 돌아보는 일은 의미 있는 일이다. 현대인들에게 가장 불행한 일은 자신을 돌아볼 시간과 기회가 없다는 점이다. 현대 사회구조는 사람들을 독특한 개체로서가 아니라 사회라는 커다란 기계의 한 부품으로 전락시킨다. 즉 현대인들은 자기 상실의 시대에 살고 있다. 나만의 숲에서는 잃어버린 자신을 찾는 시간을 가질 수 있다.

숲으로 가서 마음이 끌리는 장소에 앉는다. 긴장을 풀고 지금까지 내가 성취한 것들을 회상해본다. 노트에다 지금껏 성취한 것들을 적고, 그것들이 자신의 성공과 형성에 얼마나 기여했는지도 적어본다. 다음 쪽에는 지금까지 실패했다고 생각되는 것들을 적는다. 이것을 할 때는 자신에 대하여 솔직하고 냉정하게 평가해야 한다. 고해소에서 자신의 죄를 낱낱이 고백하듯이

해야 한다. 그리고 실패한 요인이 무엇인지도 구체적으로 알아
본다. 그러면 나 자신의 문제와 여러 가지 외적 장애 요인이 무
엇인지 깨닫게 된다.

이 체험은 자신의 긍정적인 측면을 보게 하므로 성공적인 미래
를 꿈꾸게 한다. 또 반대로 자신의 부정적인 측면과 주변 상황
을 이해하고 이를 어떻게 극복할지도 생각하게 한다.

구름 관찰하기

평평하고 깨끗한 장소를 찾아 하늘을 보고 눕는다. 팔을 편한
상태로 벌리고 다리도 벌린다. 이렇게 몸이 아주 편안한 상태
가 되어야만 이 체험은 성공할 수 있다. 2, 3분간 있어보라. 몸
을 움직이거나 자세를 바꾸려고도 하지 마라. 현재의 몸과 마
음, 숨, 그리고 감각에만 집중하라. 이것이 이 체험의 기초다.
자신의 상태를 그대로 인정하여야만 마음의 충만감을 느낄 수
있다.

하늘을 쳐다보자. 그렇게 하늘을 쳐다본 적이 있는가? 누워서
거꾸로 보는 세상과 하늘은 무지개를 처음 보았을 때처럼 신기
하다. 하늘에 떠가는 구름을 바라보자. 구름조각 하나하나가 내
인생의 사건이고 또 문젯거리라고 생각하라.

방금 본 구름의 모양과 위치를 확인한 후 눈을 감는다. 1분 정
도 후에 눈을 뜨고 그 구름을 쳐다보면 모양과 위치가 달라져
있다. 우리가 안고 있는 문제나 사건도 이렇게 시시때때로 변
한다. 아무리 큰 걱정과 문젯거리도 시간이 흐르면서 자신에게
주는 영향과 힘이 줄어든다. 30분 정도의 이 조용한 구름 관찰
체험은 성급한 성격의 소유자에게는 인내를 가르쳐줄 것이다.

7장
숲을 통한 치유

미국 아이다호 주에 있는 한 직업 훈련원의 사례다. 이 훈련원에 수용된 사람들은 대부분 학교나 사회에서 여러 문제를 일으켜 강제로 수용된 10대 청소년들이다. 이들이 가진 문제들을 살펴보면 마약 복용, 폭행, 강도, 절도, 학교 문제 등 매우 다양하고 몇몇 여학생은 미혼모기도 하다. 그들은 그곳에서 집단생활을 하면서 학업과 직업 훈련에 전념하고 재활하여 사회로 돌아가도록 되어있다.

그러나 학생들은 대부분 사회로 돌아간 후 다시 문제를 일으켜 재수용되거나 일정한 요건을 통과하지 못해 계속 수용되기도 하였다. 이들이 가진 최대 문제는 자신을 보는 눈과 자세였다. 이들은 자신의 가치를 아주 낮게 평가하고 있었고, 자신을 가족과 사회에서 버림받았으며 아무런 쓸모가 없는 인간으로 인식하곤 하였다. 따라서 매사에 자신감이 없고 호전적이며 적대적이었다. 남, 특히 어른들을 믿지 못하고 장래에 대한 꿈과 희망도 없었다.

아이다호대학교 원생지 연구소에서는 이들을 대상으로 숲을 통한 자기 능력 개발 프로그램을 정부의 지원으로 실시하였다. 먼저 원하는 학생들을 대상으로 일주일에 1회씩 8회에 거쳐 프로그램을 진행하였다. 이 프로그램의 주목적은 참가자에게 극기와 성취감을 길러주는 데 있었다. 따라서 프로그램에 참가하기 전에 학생들은 모든 어려움과 고통을 성실히 인내한다는 서약을 하였다.

기본적으로 이 프로그램은 1킬로미터 이상인 산 정상에 오르기, 몇

명이 짝지어서 문제 해결하기, 카누 타기, 홀로 시간 보내기 등으로 구성되었다.

첫 번째 도전은 1킬로미터 정도 되는 산 정상에 오르는 것이었다. 등에 잔뜩 배낭을 둘러메고 높은 산에 오르는 일은 그리 쉽지만은 않았다. 때로는 더위, 때로는 비바람이라는 혹독한 시련을 겪어야 했다. 이 첫 도전이 성공적으로 끝나자 학생들의 생각과 태도가 서서히 달라지기 시작하였고 더 적극적으로 다음 프로그램에 참가하기 시작하였다. 이 학생들은 대부분 지금껏 성취라는 것을 경험하지 못했다. 가정과 학교, 그리고 사회에서 늘 낙오자, 실패자로 낙인찍힌 사람들이었으므로 패배에 익숙해져있었다. 그러나 산 정상에 오름으로써 자신의 가능성과 성공이라는 희망을 본 것이다.

마지막 프로그램은 아무도 없는 숲에서 홀로 하루를 지내는 것이었다. 그 시간에 학생들은 자신의 과거를 되돌아보고 반성하며 새로운 미래를 설계하였다. 학생들이 쓴 일기와 프로그램 참가기를 분석해보면 이때 자신의 약점과 문제를 파악하고 가정과 사회에 대한 적대감을 없앴으며 새롭게 결단하고 각오하였다. 즉 자신의 인생 지도를 새롭게 그렸다는 것이다.

8주간의 숲 프로그램을 마친 학생들의 성과는 괄목할 만한 것이었다. 이 프로그램에 참가하지 않은 학생들과 비교해볼 때, 직업 훈련의 성취율이 매우 높았고 재수용되는 비율도 훨씬 적었다.

숲은 성취감을 준다.

 **숲에 도전해 문제 해결하는 성취치료**

이처럼 숲을 도전 대상으로 삼아 성취감을 얻고 궁극적으로 개인적인 문제 해결과 성장 계기로 삼는 프로그램은 오래 전부터 시행되어왔다. 이러한 프로그램 특징은 앞서 설명한 바와 같이 참가자에게 어려운 과제를 수행시켜 자신감을 갖게 하는 것이다. 이 경우에 숲은 교류 대상이기보다는 성취와 도전의 대상으로 더 간주된다. 또한 참가자는 자연에서 얻은 성취로 새로운 것을 경험하고 발견하며 배운다. 앞 사례에서와 같이 성취 프로그램을 통하여 학생들은 자신에 대한 새로운 면, 긍정적이고 가능성 있는 자신을 발견하고, 도전하여 성공할 수 있는 새로운 기술도 터득하게 되는 것이다.

성취 프로그램 특징은 참가자가 여러 가지 다른 성격의 성취감을 통해 변한다는 것이다. 때로는 장애를 극복하고, 때로는 두 사람 또는 여럿이 함께 협동하여 일하며, 때로는 혼자 시간을 보내면서 얻은 성취감들이 참가자를 변화시킨다.

성취치료 특징

숲을 통한 성취치료는 어떤 문제를 해결할 때 직접적인 방법을 사용하지 않는다. 예를 들어 알코올중독자는 자신의 문제를 잘 알고 있다. 술을 끊어야 한다는 말을 수백 번 들었고 술을 끊는 시도도 수없이 했을

숲에 도전해 성취감을 얻음으로써 사람들은 잠재된 자신의 가능성을 깨닫는다.

것이다. 따라서 술을 끊어야 한다는 직접적인 과제를 주는 것은 이미 실패한 것이나 다름없다. 성취치료는 간접적인 방법, 즉 자연과 숲에 도전하는 과정에서 성취감을 얻어 문제를 해결하도록 유도한다.

방법이 간접적이다

사람들은 문제가 있음을 알고도 그 행동을 쉽게 변화시키지 못한다. 예를 들어 담배가 몸에 해로움을 알면서도 끊지 못한다. 이미 여러 번 시도했다가 실패하였을지도 모른다. 이와 같은 실패는 습관이나 중독의 영향이 크다. 따라서 변화에 대한 저항을 직접적으로 해결하는 것은 어렵고 부작용도 크다. 성취치료는 문제를 직접 겨냥하기보다는 숲에 도전하여 얻은 성취감으로 그 문제를 간접적으로 해결하도록 해준다. 예를 들어 학습지진아들이나 사회성이 떨어지는 아이들의 주 치료 방법은 아이들이 협력하여 어떠한 문제를 해결하게 하는 것이다. 이후 아이들은 자신감과 성취감을 얻고 이것은 아이들이 자신의 문제를 해결하는 원동력이 된다.

재미있다

성취치료는 힘들지만 재미있다. 숲에서의 활동은 근본적으로 참가자를 재미있게 하고 흥분시킨다. 따라서 이러한 재미와 흥미가 처방전이 될 수 있다. 이러한 경험은 즐거움을 가져다주어 결국 참가자가 장애를 극복하고 도전 과제를 성취하는 요인이 된다.

문제해결력 길러준다

한 가지를 성취하면 참가자는 자신감과 자긍심을 회복하여 계속 변한
다. 숲에서 성취한 경험은 일상에서 발생하는 문제도 성공적으로 해결
할 수 있다는 확신을 가져다준다. 다시 말하자면, 숲에서의 성취경험
은 내적 보상과 즐거움을 가져다주고 스스로 문제를 해결할 수 있는
실마리를 제공한다.

　성취치료의 성공은 여러 측면에서 평가된다. 먼저 계획 단계에서부
터 참가자에게 긍정적인 영향을 준다. 성취치료에서 사용되는 여러 가
지 방법, 예를 들면 암벽 등반과 같은 것들은 면밀한 아이디어와 계획
이 있어야만 할 수 있다. 따라서 참가자들은 서로의 생각과 전략을 주
고받고 협력하며 토론하면서 문제해결력을 기른다. 머릿속에 든 생각
이나 가정을 정리하여 실행하는 행동 단계도 매우 중요하다. 이러한
단계들을 통해서 참가자들은 문제를 분석하고 해결점을 찾으며 행동
으로 옮기는 추진력을 배운다.

협동심과 대응력 길러준다

숲에서 활동하는 것은 육체적으로나 심리적으로 위험하다. 행동 하나
하나마다 신중하게 판단된다. 이런 상황은 참가자에게 예기치 못한 상

황과 위험에 대처하는 능력을 길러준다. 그래서 참가자는 날카롭고 민감하게 반응한다. 그리고 자신의 실수가 자기만이 아닌 동료들에게도 치명적일 수 있다는 자각은 참가자에게 강한 책임감도 심어준다. 따라서 동반자들은 감정적으로나 육체적으로 서로 협력하는 길을 찾아야 하고 목적을 이루기 위해 서로 노력해야 한다. 이런 이유로 협력과 대처는 성취치료에서 가장 중요하고 기본적인 요소다. 즉 이런 치료 프로그램은 참가자들이 새롭게 습득한 적응력과 연대의식을 가진 결속력을 발휘할 수 있도록 짜여야 한다.

앞에서 설명한 대로 참가자들은 숲에서의 여러 활동을 통해 다양한 효과를 얻는다. 숲에서 생활하려면 텐트 치는 법, 요리하는 법, 응급 상황에 대처하는 요령 등 기본적으로 필요한 기술을 알아야 한다. 참가자가 이런 기본적인 기술을 배워야 하고 또 캠핑하면서 더 잘하게 되어야만 한다. 계곡에서는 수영하는 법을, 강에서는 노 젓는 법을 배우고, 등반하기 전에는 지도 보는 법과 나침판 이용하는 방법을 배워야 한다. 암벽 등반과 같이 위험하고 고도의 기술이 필요한 활동을 통해서는 집중력과 민첩성, 그리고 결단력을 배우게 된다.

자존감 회복시키는 프로그램

성취치료는 어떻게 효과를 발휘하는 것일까? 이에 관한 이론이 아직은 정립되지 않았지만 그중 피아제(Piaget)의 인지발달이론을 살펴보

면 다음과 같다. 이 이론의 핵심은 학습자는 그의 환경과 활발히 상호
작용한다는 것이다. 즉, 환경을 통해 습득한 지식과 인식으로 현실 문
제를 해결한다는 것이다.[82] 앞에서 설명한 숲에서의 활동들은 참가자
들, 특히 자존감이 낮고 패배감에 젖어있는 참가자들이 자기 능력과
가치를 발견하게 한다. 참가자들은 이런 변화를 현실의 문제와 어려움
을 극복하는 데 사용하고 장래 꿈의 토대로 삼는다. 더는 자신이 덫에
갇힌 신세가 아니라며 인생을 새롭게 설계할 힘도 얻는다.

　최근에 연구된 인디언들의 자존감을 높이는 자녀 양육법을 살펴보
면 ① 소속감을 느끼게 하고, ② 성취감을 느끼게 하며, ③ 독립심을
갖게 하고, ④ 관대함을 갖게 하라는 것이 중심 철학이라고 한다.[83] 성
취치료는 바로 이러한 요소를 충족시켜준다. 먼저 숲에서는 팀원들이
합심하여야 주어진 일을 성공적으로 할 수 있기 때문에 구성원간의 교
감과 교류, 그리고 협력이 이루어지고 소속감이 확고해진다. 그리고
팀원들은 여러 가지 기술이 요구되는 활동들, 예를 들면 지도와 나침
판 보기, 암벽 등반 같은 활동을 통해 적응력을 키운다. 또한 어떠한 것
을 결정하기 위해 판단해야 하며, 다른 사람들의 동의를 얻기 위해서
자신의 생각과 주장을 논리적으로 전개하여 설득해야만 한다. 그 과정
에서 독립심을 얻고, 다른 동료에게 존경도 받는데 이것은 궁극적으로
자존감으로 연결된다. 팀원들은 일을 성공적으로 마치기 위해 동료들
과 끊임없이 아이디어와 자원을 공유하면서 덕망과 관대함도 기른다.

아웃워드 바운드(Outward Bound)는 참가자가 원생지에서 어려움을 극복하여 자신을 일깨우는 경험을 갖게 하는 전통적인 교육훈련기관이다. 1941년 한(Hahn)이 설립한 이 기관은 참가자들이 자신과 상대를 존경하고, 인생을 경애하는 태도를 갖게 한다.

아웃워드 바운드는 원생지에서 생존하기 위한 기본 기술을 가르치는 동시에 숲을 체험하게 한다. 격렬한 육체적 활동과 과업의 수행뿐만 아니라 명상과 회고 등 다양한 방법으로 자신을 깨닫게 한다.

아웃워드 바운드는 육체적인 고난을 극복하면서 얻는 최대의 성취를 바탕으로 자신을 발견시킨다. 육체적으로 위험한 수행은 정신적으로나 육체적으로 공포와 긴장을 고조시키는데, 이런 상태를 받아들이고 수행하면서 참가자들은 자신과 다른 사람들의 능력과 가능성을 재평가한다. 이러한 상황은 현실의 다른 어려움도 극복할 수 있는 능력을 길러준다.

아웃워드 바운드의 교육 방식은 철저히 자기 중심적인 문제 해결이다. 지도자는 앞에서 가르치기보다는 뒤에서 조언해주고 용기를 북돋워주는 역할만 한다. 스스로 배우고 적응하여 수행하는 방식은 아웃워드 바운드의 기본 프로그램 포맷이다.

아웃워드 바운드의 교육 효과는 다양하다. 훈련을 통해 숲에서 생활하는 기술을 익히지만 이러한 것이 아웃워드 바운드 교육의 주목적은 아니다. 그것은 더 심리적이고 정신적이다. 자신의 능력을 재발견하고 자신감과 자존감을 키우는 한편 다른 사람을 존경하고 이해하도록 하는 데 있다.[84]

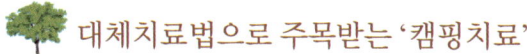
대체치료법으로 주목받는 '캠핑치료'

캠핑을 정신과 육체 건강의 대체 방법으로 여긴 지는 매우 오래되었다. 고대 희랍인들은 건강하게 장수를 누리는 종족이 사람들의 접근이 어려운 아주 깊은 숲에 살고 있다고 믿었고, 구약을 보면 그 당시 사람들의 수명이 수백 년인 것으로 기록돼있다.

도교를 비롯한 동양의 종교는 자연과 일치되어 자연의 섭리를 깨닫는 것을 도(道)라 하였으며 도를 깨우치면 생로병사에서 벗어날 수 있다고 하였다.

이렇듯 옛사람들은 인간의 건강과 왕성한 정력, 그리고 행복이 숲과 자연을 벗삼아 살아가는 단순하고 조화로운 삶에서 기인된다고 믿었다. 그리고 이런 삶의 종식이 결국 질병의 시대를 열었다고 생각했다. 따라서 많은 학자들은 결국 자연과 재화합하는 것이 인간이 건강하고 행복해지는 길이라고 주장한다. 루소(Rousseau)는 이런 주장을 한 대표적인 인물이다.

루소는 자연 상태에서 인간은 자유롭고 행복하고 선량하였으나, 문화와 문명 때문에 부자유스럽고 불행한 상태에 빠지게 되었으며 사악한 존재가 되었다고 역설했다. 따라서 인간이 다시 참된 자신의 모습을 찾으려면 자연으로 되돌아가 인간성을 회복하지 않으면 안 된다는 것이다.

전염병자 격리하면서 시작

캠핑치료 효과는 참으로 우연히 발견되었다고 한다. 1901년 뉴욕의 맨해튼 주립병원 의사이자 관리자인 맥도날드는 당시 창궐하던 폐병환자들에게서 다른 환자들을 보호하기 위해 병원 마당에 텐트로 임시 병동을 세울 것을 지시했다.

1901년 6월 5일 두 개의 큰 텐트가 세워지고 각 텐트에 스무 명씩 결핵환자들이 격리, 수용되었다. 텐트에 수용된 환자들은 비교적 자유롭게 활동하였다. 숲과 잔디밭을 산책하기도 하고, 시냇물을 바라보며 동료 환자들과 담소와 게임을 하기도 하였다.

얼마 후 의료진들은 텐트 병동의 환자들 상태를 보고 놀랐다. 이 환자들의 정신적, 육체적 회복 속도가 보통 환자들보다 훨씬 빨랐던 것이다. 사실을 검증하기 위해 정신질환자 스무 명을 위해 또 다른 텐트를 세웠다. 이들 중 60퍼센트는 병상에서만 지내는 환자들이었고, 대부분은 병 상태가 아주 심각한 환자들이었다.

이 환자들 역시 아주 호전적인 결과를 보였다. 체중이 늘기 시작하였고, 정신건강지수도 향상되었다. 회복될 가능성이 없던 몇몇의 환자들조차도 충분히 회복되어 퇴원하였다. 이 결과를 바탕으로 다음해 봄 다시 텐트 병동을 열었고 비슷한 긍정적인 결과를 얻었다.[85] 이 병원에서는 이 캠핑치료를 확대하여 1903년에는 175명을, 1905년에는 300명을 수용하였다.

7장 숲을 통한 치유

텐트 임시 병동에서 캠핑치료가 시작되었다.

이후 미국의 많은 병원에서 이 캠핑치료가 적용되었다. 당시 이 치료가 유행한 이유는 무엇보다도 폐결핵환자들은 격리, 수용해야 했고, 영구 병동을 건설하는 것보다 텐트가 훨씬 경제적이었기 때문이기도 하였다. 의사인 호이숄트 박사는 당시 상황을 다음과 같이 기록하고 있다.

"환자들이 어찌나 잘 적응하고 평화스럽게 지내는지 정말 놀라울 뿐이다. 일반 병동에서는 그렇게 폭력적이고 지저분했던 남여 환자들이 이곳 텐트에서는 모두 평화롭고, 싸움도 거의 하지 않으며, 주변을 깨끗하게 유지하려고 애쓴다. 그들 모두는 텐트에서나 잔디밭에서나 매우 편안하고 만족해보인다. 환자들의 초기 1 ~ 2주 기록을 보더라도 캠핑치료가 아주 효과 있음을 볼 수 있다."[86]

또 하나의 사례는 1910년 브링햄튼 주립병원에서 추진한 캠핑치료 프로젝트인데 그 병원은 병원에서 2마일 떨어진 곳에 캠프를 설치하고 의료진을 상주시켰다. '소나무 병동(Pine Camp)'이라고 불린 이 병동은 환자의 회복에 아주 가치 있었고, 특히 환자의 체중 증가와 정신적 안정에 영향이 컸다고 보고되고 있다.

이후 1950, 60년대에 야외 휴양에 대한 관심어 고조되면서 캠핑치료가 전 미국에 유행하였다.

어린이를 위한 캠핑치료

캠핑은 어린이나 청소년들이 자연을 긍정적으로 이해하고 대하게 하며, 이들의 협동심·기술 습득·사회성 증진에도 큰 영향을 끼치는 것으로 나타났다. 이 변화 외에도 사회성과 학습 능력이 떨어지는 어린이들의 문제 해결에도 효과적이라고 연구서들은 보고하고 있다.

캠핑이 가져다주는 효과는 캠핑 장소인 숲이라는 환경인자와 캠핑에 참가하는 학생들 간의 사회적 환경으로 나누어 생각할 수 있다. 숲은 어린이들이 평상시 생활하는 집과 학교가 있는 도시와 판이하다. 도시는 복잡하고 사람들과 인공물로 가득 차 있지만 숲은 한적하고 나무와 풀, 동물과 곤충, 그리고 물 같은 자연으로 둘러싸여 있다.

도시는 맨땅의 감미로움과 촉촉함을 느낄 수 없기 때문에 어린이들의 감성이 무디어진다. 어떤 모임에서 만난 초등학교 선생님의 다음 말이 이 사실을 뒷받침해준다.

"자연을 자주 접하고 자연에서 생각을 키운 아이들과 도시환경에만 젖어 산 아이들이 쓴 글을 보면 확연히 달라요. 자연과 친한 아이들의 글에서는 진실성과 살아있는 생동감이 느껴져요. 하지만 자연을 모르는 아이들의 글은 기교는 넘치지만 무언가가 빠진 듯해요."

또 아동문학가인 이오덕 선생은 「달라져가는 아이들의 글」에서 다

캠핑은 사회성이 떨어지는 아이들의 문제를 효과적으로 해결해준다.

음과 같이 한탄하고 있다.

"요즘 우리나라 아이들의 쓴 글을 보면 그만 가슴이 탁 막히고 눈앞이 캄캄해질 때가 많습니다. 이 아이들이 앞으로 어찌될까? 이러다가는 사람이 아니고 무슨 괴물이 되는지 모른다. 어쩌면 아이들이 거의 모두 정신착란증에 걸린 것 아닌가, 하는 생각이 듭니다. …(중략)… 아이들이 쓴 글은 그것이 잘 됐든 못 됐든, 그 내용이며 표현이 어떤 것으로 되었든, 따지고 보면 결국은 그 아이들의 삶과 마음의 정직한 표현이라 하겠습니다. 심지어 거짓 얘기를 쓰거나 정신병자 같은 헛소리를 썼다 하더라도 그것은 마침내 그 아이를 나타낸 것이고, 그 아이를 그렇게 만든 어른들과 환경을 보여주는 것입니다. 그러니까 오늘날 아이들이 도무지 말도 되지 않는 글을 헛소리같이 쓴다든가, 아이답지 않은 말을 써서 우리말을 잃어버리고 사람다운 심성과 생각을 가지지 못하고 있는 것은, 이 아이들이 얼마나 사람답게 자라날 수 없는 상태로 쫓기고 내몰리고 있는가, 그래서 본래 가지고 있던 그 고운 마음과 한없이 뻗어날 수 있는 재능의 싹을 죄다 짓밟혀버리고 잃어버렸는가를 잘 말해줍니다."[87]

이러한 오늘날 아이들의 문제는 바로 아이들이 자연과 분리된 삶을 살면서 그 순수하고 한없는 재능을 잃어버렸기 때문에 발생하는 것이다. 캠핑은 이러한 아이들의 문제를 교정시키고 아이들이 원래의 순수함을 되찾게 해준다.

동심 되찾아준다

캠핑이 주는 사회적 환경은 아이들이 일상에서 겪는 사회환경과 다르다. 학교에서 아이들은 서로 감정을 교류하고 이해하지 못한다. 오히려 서로 경쟁한다. 부모들은 자식과 옆집 아이를 비교하며 그 애의 반이라도 닮으라고 윽박지른다.

그러나 숲에서의 사회환경은 다르다. 우선 캠핑하는 모둠은 소규모다. 보통 한 모둠이 4~5명이고 이 아이들은 아주 깊게 이해하고 감정을 나눌 수 있는 기회를 갖는다. 캠핑은 경쟁보다는 서로 협력해야 할 프로젝트를 제시하기 때문에 아이들에게 협동심을 길러준다. 아이들은 서로 격려하고 도와주면서 자기 안의 벽을 허물고 남을 이해하게 되며 사회성도 기른다. 밤하늘의 무수한 별을 보며 서로의 꿈을 이야기하고 캠프파이어 곁에서 부모에게도 하지 못했던 고민과 생각을 나눔으로써 문제 해결 방법도 스스로 터득해간다.

정신질환자를 위한 캠핑치료

자아 상실, 학습지진아 같은 정신적 문제를 가진 사람들이 가장 보편적인 치료 대상이다. 일반적으로 숲에서 캠핑하면서 이들은 '새로운

것', '다른 사람과 같이 지내는 방법', '독립심', '새로운 사람들과 교류
하는 법', '즐거움' 등을 얻는다. 이런 외적인 변화 이외에도 자신에 대
해 더 알고 긍정적으로 느끼는 내적인 변화도 겪는다고 한다.

사회성 회복

이 중 정신질환자들이 숲에서 캠핑하면서 얻는 가장 중요한 것은 사회
성 회복이다. 다시 말하자면, 이들은 캠핑을 통해 다른 사람들과 어울
리는 기술을 배우고 능력도 향상시켜 사회적응력도 기른다는 것이다.
사실 정신질환자들 문제는 그들이 사회적으로 고립된 환경에서 살므
로 더 심각해진다. 캠핑은 병원 병동이나 집 같은 단절되거나 비우호
적인 환경과 아주 다르다.

숲에서는 자연현상들이 순리대로 진행되고 그 리듬은 매우 부드럽
다. 숲의 분위기는 환자들간의 감정 교류를 원활하게 하고 신뢰와 협
동심을 증진시킨다. 따라서 환자들은 대인기피증과 타인에 대한 불신
감을 없애고 새로운 자신의 능력도 개발한다.

캠핑치료 효과

캠핑치료는 대부분 짧게는 2일에서 길게는 몇 주에 걸쳐 진행된다. 캠
핑치료 장소로는 국립공원, 국유휴양림과 같은 숲이 있는 곳이 선호되
며 종종 인적이 전혀 없는 원생지에서도 이루어진다. 캠핑치료에는 통

숲에서의 캠핑은 평상시 익숙했던 환경과 아주 다르다.

상 적게는 10명에서 50여 명까지 참가하며 지도자와 참여자 간의 비율
은 1 대 1에서 많게는 1 대 5 정도다.

지금까지 보고된 사례와 연구 결과를 바탕으로 알려진 캠핑치료 효
과는 매우 광범위한데 요약하면 다음과 같다.

· 육체적 건강 증진과 식욕, 몸매 향상

· 자신감, 자존감, 그리고 자의식 증진

· 추진력 향상

· 열정과 즐거움

· 학교생활과 학교에 대한 태도 변화

· 회복기 단축과 병 재발률 저하

· 집단적 문제해결력 향상

· 정서적 문제, 병리 감소

· 흥미로운 새로운 것(취미, 일거리 등)의 개발과 기술 향상

· 우정 증진

· 사회성 증진

· 환자와 의료진의 관계 호전

꿈이란 무엇인가? 여러분은 꿈이 있는가? 앞에서 여러 번 강조한 대로 현대인은 꿈꿀 여유가 없다. 현실을 좇아가기도 바쁜데 무슨 꿈을 키울 수 있겠는가? 그렇지만 어렸을 때의 아련한 기억을 되살려보자. 밤하늘에 총총히 박혀있는 보석같이 영롱한 별들을 바라보며 무한한 상상의 나래를 펴지 않았는가? 봄날 가물거리는 아지랑이를 바라보며 10년, 20년, 그리고 30년 뒤의 자신을 꿈꾸지 않았는가?

그러나 오늘날 사람들은 꿈꿀 여유가 없다. 꿈과 희망으로 가득 차 있어야 할 어린이들조차 학원 수업과 과외에 시달리며 맨땅 한번 밟아보거나 밤하늘 한번 쳐다볼 여유 없이 살아간다. 꿈은커녕 자신이 누구인지조차도 모르는 자기 상실의 시대에 우리는 살고 있다. 아무리 가까운 곳이라도 목적을 가지고 가야 함에도 불구하고 현대인들은 인생이란 단 한 번뿐인 여정 속에서도 내가 어디서 와서 어디로, 왜, 가야 하는지 근본적인 인생의 목적을 자문할 겨를도 없이 살아간다.

나를 찾아가는 숲 여행 '비전퀘스트'

비전퀘스트는 이런 처지의 현대인들이 자신을 알고 꿈을 품고 그 꿈을 찾아가는 인생 지도를 그리게 하는, 숲과 자신만의 여행이며 교류다. 숲에서 동작을 멈추고 조용히 자연에 몰두해보라. 당신의 영혼이 움직

현대인들은 꿈을 가질 여유조차 없이 살아가고 있다.

여 숲과 하나되는 것을 느낄 것이다. 동서고금을 막론하고 세상과 단절된 고독한 상태에서 사람들은 내적 성취와 득도를 하였다. 비전퀘스트는 바로 자신을 찾는 도구며 창구다.

세계 곳곳의 사람들이 숲을 심신을 연마하는 장소로 이용하였지만 비전퀘스트는 북미에 살았던 원주민(인디언)들의 성인 의례식에서 처음 시작됐다. 이 원주민들은 성인이 되기 위한 통과의례로 미성년들을 깊은 숲으로 혼자 들여보내 열흘 동안 음식도 먹지 말고 자신의 인생 비전을 세우게 했다. 이 여행에서 얻은 비전은 그의 인생 지표가 되고 그의 직업이 되며 또 그의 이름이 되기도 하였다. 원주민들의 의식을 오늘날 현대인의 감각에 알맞게 각색한 것이 비전퀘스트다.

따라서 비전퀘스트는 자신을 깨닫고 비전을 찾으려는 현대인들의 육체적, 영적인 숲 여행이다. 익숙하고 편리한 일상의 모든 것들을 뒤로하고 숲으로 들어가기 때문에 육체적인 여행이요, 숲에서 혼자만의 시간을 가지면서 진실한 자신을 찾기 때문에 영적인 여행이다.

🌳 나와 만나는 3단계

과거와 단절하기

나는 지금 어떤 문제에 직면해있는가? 또 나는 어떻게 거듭나고 싶은가? 대부분 비전퀘스트에 참여하는 사람들은 인생의 어떤 결정이 필

비전퀘스트는 자신과 자신의 꿈을 찾아 떠나는 여행이다.

요하거나 어떤 문제를 해결하기 위한 순간에 직면한 사람들이 많다. 인생의 새로운 순간, 즉 대학에 입학한다든지, 대학을 졸업하고 사회로 진출한다든지, 새로운 직장생활을 시작한다든지 하는 인생의 새 장을 열기 위해 사람들은 비전퀘스트에 참여한다. 유충이 나비가 되어 세상을 훨훨 날아가려면 껍질을 벗어야 하듯, 비전퀘스트는 자신을 돌아보고 인생의 새 길을 개척하기 위한 시간을 준다. 새 옷을 입으려면 미련 없이 현재 옷을 벗어야 하듯 비전퀘스트는 과거를 끊는 단절에서 시작된다.

단절 단계에서는 과거를 버리고 현재의 자기를 죽여야 한다. 옛날의 내가 죽지 않으면 새로운 내가 탄생할 수 없다. 미래는 불안하고 불확실하다. 그렇지만 새로운 내가 탄생하기 위해서는 불확실한 미래에 몸을 던져야 한다.

단절은 아픔을 동반한다. 세상을 향해 날아가려면 알을 깨고 나와야 하는 아브락사스같이 현재의 편함과 안락함을 버리는 아픔과 두려움을 극복해야 한다.

사람은 누구나 변화를 본능적으로 싫어한다. 따라서 그냥 안주할까 하는 유혹도 있게 마련이다. 그러나 극장에서 공포영화를 볼 때처럼 두려운 현실은 눈을 감는다고 사라지는 것이 아니다. 두려워도 현실은 받아들여야 한다. 두려움이 크면 클수록 성장 가능성도 크며 변화의 영향도 오래간다. 두려움은 용기의 한 형태라는 사실을 기억하라.

과거와 단절하면서 새로운 것이 탄생된다.

자신과 대면하기

이제 숲으로 비전을 찾아 떠나자. 출발은 과거를 떨치기 위한 구체적 행동이고 다시 태어나기 위한 육체적, 정신적 경험이다. 혼자 숲으로 가서 자신만의 장소에서 자신을 돌아보고 찾으며, 비전을 모색하는 시간이 이 단계다. 숲은 신성한 곳이므로 과거의 때를 벗고 새롭게 태어나게 한다. 며칠 동안 그렇게 시간을 보낸다.

세상과 단절돼 혼자 며칠을 보내면 당신은 여러모로 변한다. 때로는 답답하고, 지루하며, 공포에 휩싸일 것이다. 우리는 늘 다른 사람들과 어울려 살아왔으므로 혼자 있는다는 것은 엄청난 도전이다. 어떤 사람들은 숲과 더 순수하게 일치하기 위해 단식도 한다. 이 경우에는 앞의 단절 단계부터 철저히 단식 준비를 해야 하며 경험 있는 지도자의 교육이 필수적이다.

물론 숲과 우리의 몸과 마음이 순수하게 교류되어야 하므로 이에 방해되는 여러 가지 현대 문명의 도구와 기계들(라디오나 텔레비전, 게임기, 컴퓨터 등)은 철저히 반입이 금지된다. 비전은 끊임없이 생각하고, 그 생각을 글로 적고, 관찰하고, 숲과 대화하는 과정에서 찾을 수 있다.

숲에서 지내는 기간은 비전을 찾는 울부짖는 시간이다. 며칠간 홀로 지내는 장소는 내가 죽어 묻히는 곳인 동시에 새로운 내가 부활하는 곳이기도 하다. 찬 밤바람이 뼛속까지 스밀 때, 온갖 산짐승의 울부짖음이 점차 가까이 들릴 때, 공포가 엄습해오기도 한다. 그러면 모든 사람들과 나의 관계를 다시 한번 생각하게 된다. 그들의 소중함, 고마움을 눈물겹게 깨닫는다. 내 행동 하나하나, 말 한마디한마디가 그들에게 얼마나 상처를 주었는지도 반성하게 된다.

또한 이 광대한 숲과 자연에 비하여 자신이 얼마나 왜소한지 느끼게 된다. 내가 얼마나 교만했었는지, 내가 이루었다고 하는 것들이 이 숲과 자연의 섭리에 비하면 얼마나 초라한지 등을 새삼 깨달아 겸손하고 진지해진다. 내가 생각하는 비전과 내게 필요한 비전은 다를 수 있다. 비전은 미래를 내다볼 수 있는 지혜로운 눈과 자신이 무엇을 할 수 있는지에 대한 깨달음이 있어야 세울 수 있다.

다시 세상 속으로

이제 숲에서 얻은 비전을 가지고 우리가 살아야 하는 세상으로 돌아가야 한다. 어쩌면 비전퀘스트 일정 중 가장 힘든 단계라고 볼 수 있다. 그렇게 익숙했던 일상이 꽤나 낯설고 처음에는 불편할지도 모른다. 새로운 생명을 얻고 돌아온 나에게 이 세상의 것들과 사람들은 어쩌면 어리석게 보일지도 모른다. 그러나 어쨌든 이 세상의 한 구성원으로 살아야 하기에 그런 것조차 받아들이고 내가 빛과 소금의 역할을 할 수 있게 살아야 한다.

숲에서 가정으로, 일터로 돌아온 다음날은 자신에게 왜 비전퀘스트에 참가하였으며 그것을 통해 무엇을 얻었는지, 얻은 것을 내가 살아

비전은 지혜로운 눈이 있어야 세울 수 있다.

가는 데 어떻게 적용할 것인지 등과 같은 질문을 해야만 한다. 숲에서 얻은 비전이 무엇이든 간에 그것은 나의 인생이며, 실천해야 할 삶이다. 숲에서의 비전은 반드시 가슴속에 내면화되어야 하며, 집과 일터에서 실천되어야 한다.

비전을 가진 사람은 두 세상과 직면한다. 한 세상은 숲에서 경험한 희망과 신성함의 세상이며, 다른 한 세상은 나의 몸이 직접 맞닿고 살아야 하는 '실제' 세상이다. 전자의 세상은 정신적으로 충만된 '에덴의 동산'이며, 후자의 세상은 육체적으로 살아가야 할 세상이다. 현명한 사람은 이 두 세상을 조화시킨다. 전자의 세상에서 정신적 위안과 기쁨, 그리고 행복으로 무장한 후 후자의 세상을 헤쳐나간다. 가끔은 후자의 세상에서 얻은 피로와 고통을 숲에서 얻은 지혜와 경험으로 털어버리고 다시 충전하며 살아가기도 한다. 그리고 그러한 지혜를 지속시키기 위해 끊임없이 숲과 교감한다.

 ## 자신을 찾은 사람들

크리스티 _ 이혼한 부모와 화해하기

크리스티는 대학교 2학년인 여학생이다. 호감이 가는 외모와 외향적인 성격으로 친구가 많은 그저 평범한 학생이었다. 크리스티가 열 살

때 부모는 이혼했다. 정말 어렸을 때였지만 크리스티에게 그때는 너무나 큰 시련기였다. 무엇보다도 한창 부모의 사랑을 받아야 할 시기에 부모님이 그녀의 의지와 상관없이 서로의 길을 가고자 헤어졌기 때문이다. 크리스티에게는 두 살 더 먹은 오빠가 있었는데 부모가 이혼하면서 오빠는 아빠와, 크리스티는 엄마와 살게 되었다. 아빠보다는 오빠와 헤어지는 것이 크리스티에게는 더 가슴 아픈 일이었다.

크리스티 엄마는 아빠와 헤어진 지 1년이 지나 재혼했다. 첫 결혼에 실패한 새 아빠는 아들을 두고 있었다. 새 아빠와 새 오빠 둘이 어느 날 크리스티에게 자기의 뜻과 상관없이 생긴 것이다. 엄마가 결혼할 무렵 아빠도 재혼했다. 이렇게 아빠와 엄마가 새로운 가정을 이루게 되자 크리스티는 결국엔 오빠와 연락조차 하지 않고 지내게 되었다. 그러고는 9년이란 세월이 흘렀다.

크리스티는 대학에 입학하자마자 바로 집에서 나와 기숙사에서 살기 시작했다. 그리고 여느 대학생들과 마찬가지로 공부와 아르바이트로 바쁜 나날을 보내고 있었다. 그러던 어느 날 전화 한 통을 받았다. 친오빠에게서 온 전화였다. 9년 전의 아픔이 다시 떠오르며 오빠에 대한 그리움이 밀려오기 시작하였다. 그동안 마음 한구석에 잠자고 있던 부모님에 대한 원망이 솟아오르기 시작하며 걷잡을 수 없는 격정이 몰려왔다.

공부도, 친구도, 아르바이트에도 크리스티는 아무런 흥미를 느낄 수 없었다. 그래서 크리스티는 비전퀘스트에 참가했다. 아이다호 주의 북쪽에 위치한 원생지에서 진행된 비전퀘스트는 그녀가 닥친 현실을 이해하고, 극복하며, 더 나아가 앞으로 자신과 얼크러진 가족들의 관계를 어떻게 해결해야 하는지 비전을 찾게 해주는 여행이었다.

첫날과 둘쨋날, 크리스티 마음속에서는 그야말로 원망과 분노가 교차되었다. 아빠도 엄마도 심지어는 모든 사람들이 싫었다. 결혼 같은 것은 생각하기조차 싫었다. 분노의 뜨거운 기운이 가슴을 메울 때 크리스티는 숲의 시원한 바람을 맞으며 하염없이 하늘을 보았다. 흘러가는 구름을 보면 답답함이 좀 풀리곤 하였다. 그리고 아빠와 엄마를 이해하고 사랑하는 마음을 달라고 기도하였다.

사흘째 아침, 단식으로 약해진 몸을 이끌고 양지바른 숲에 앉아 차한 잔을 마시고 있을 때였다. 머리 위의 나무에서 산새 둥지가 보였다. 둥지의 어린 새는 이제 막 날갯짓을 배웠는지 쭈뼛쭈뼛 날갯짓을 하고 있었다. 어미 새가 밀었을까, 어느 순간 어린 새는 "포로록—!" 날기 시작했다.

그것을 본 순간 크리스티 눈에서는 갑자기 눈물이 쏟아지지 시작했다. 그동안 가슴에 뭉쳐있던 응어리 같은 무엇이 올라오는 듯했다. 하염없이 눈물을 쏟자 어느덧 분노도 가라앉기 시작했다. 크리스티는 세상을 향해 새롭게 날갯짓하는 어린 새가 바로 자신이었다고 생각했다. 그리고 엄마, 아빠, 오빠에게 편지를 썼다. 이해와 용서, 이런 것들이 편지의 주제였다. 그제서야 크리스티는 세상을 향해 날갯짓한 어린 새처럼 세상을 혼자 날 수 있을 것 같았다.

필립 _ 죽은 친구와의 아름다운 이별

필립 역시 대학교 2학년생이었는데 건장한 남학생인 그는 절친한 친구의 죽음 때문에 방황을 하다 비전퀘스트에 참가했다. 이 세상 누구보다도 자기를 이해하고 우정을 영원히 나눌 것만 같았던 친구가 어느 날 작별의 인사도 없이 교통사고로 이 세상을 떠난 것이다. 어느 화창한 초여름 고속도로를 달리던 친구는 마주 오던 트럭과 충돌하여 그만 그 자리에서 즉사하고 말았다.

필립은 친구의 죽음 소식이 전혀 믿기지 않았다. 이 세상의 모든 것들은 그대로인데 그 친구만이 이 세상에 없다는 사실을 받아들일 수가 없었다. 이러한 사실에 필립은 신을 원망하고 신에게 분노했으며 이것은 삶에 대한 회의로 이어졌다. 그는 친구에게 작별 인사도 못한 것에 대한 죄책감을 가슴에 담고 있었다. 사고 나기 전날 필립은 그 친구에게서 전화를 받았지만 다음날 있을 시험 준비로 그 친구를 만나지 않았던 것이다.

필립은 한창 원기왕성한 20대의 대학생이었으므로 이런 비극은 그를 고통스럽게 했다. 모든 것에 의욕이 사라져 학교 공부를 비롯한 여러 가지 일들에 흥미를 잃어가기 시작하였다. 더욱 심각한 것은 차를 타기만 하면 마치 자기가 친구의 고통사고 현장을 본 것과 같이 생생하게 사고 장면이 상상되는 것이었다. 또 마주 오는 트럭이 자기 차를 향해 돌진하는 것 같은 착각이 들 때도 있었다. 자연히 부자유스럽게 운전하게 되고 이로 인해 정말 교통사고가 날 뻔한 위험한 상황도 발생하곤 하였다. 차 타기가 싫어지고 점점 집 안에서 홀로 지내는 시간이 늘어가기만 했다.

다른 친구들은 필립을 몹시 걱정하였다. 그래서 그들의 권유로 필립은 비전퀘스트에 참가했다. 필립은 몇 번의 준비 모임에서도 자기를 드러내려고 하지 않았다. 필요한 말 이외에는 일절 말하지 않았고 모임이 끝나면 곧장 떠나버렸다. 아직도 단절의 아픈 단계를 겪고 있는 것이었다.

나흘간의 비전퀘스트는 필립이 그 친구를 이제 자기 마음속에서 편하게 하늘나라로 보내는 과정이었다. 필립은 친구와 경험했던 수많은 것들을 머릿속에 떠올리며 눈물과 그리움, 그리고 만날 수 없는 안타까움으로 숲에서 시간을 보냈다. 누워서 하늘에 떠가는 구름을 보면서도 친구의 얼굴을 그렸고, 저녁노을이 붉어지는 서쪽 하늘에서도 친구의 모습을 떠올렸다. 서있는 죽은 나무를 보며 친구의 죽음을 그리고 그 나무처럼 자기 마음속에 우뚝 서있는 친구의 모습을 떠올렸다.

그런데 하루이틀이 지나면서 필립의 눈에 숲의 다양하고 아름다운 모습이 보이기 시작하였다. 어린 나무와 큰 나무, 산 나무와 죽은 나무,

죽은 나무에서 기생하는 버섯들, 죽은 나무를 양분으로 취하고 자라나
는 어린 나무의 싹들, 죽은 나무껍질 속의 벌레를 양식으로 잡아먹는
산새들을 보면서 필립은 자신을 돌아볼 수 있었다.

　이런 숲의 모습은 필립에게 조금은 인생의 뜻을 일깨워주는 듯했다.
죽은 나무와 산 나무가 같이 어울려있는 숲은 죽음도 인생의 한 부분
임을 알고 느끼게 해주었다. 삶과 죽음이 자연스레 공존하는 것이 세
상의 이치라는 것을 조금은 이해할 만하였다. 결국 필립은 마음속에
있던 친구를 편하게 하늘로 보낼 수 있었다. 그가 하지 못해 후회스러
워했던 작별 인사와 함께.

에릭 _ 자신과의 화해

에릭은 제2차 세계대전 말에 10대를 보낸 독일인이다. 전쟁 세대가 그
렇듯 강인하게 인생을 살아왔다. 청소년기에 겪은 전쟁의 고통과 비극
때문에 신학 공부를 하게 되었고, 신학대학교를 졸업한 후 목사가 되
었다. 에릭은 세 자녀를 둔 가장으로 한평생을 살다가 5년 전 은퇴하였
다. 은퇴와 함께 녹색당원이 되어 목사였던 때보다도 더욱 활동적이고
적극적으로 사회 개혁을 꿈꾸며 일했다.

　에릭은 당이 필요한 곳으로 이사까지 다니며 당 일에 매달렸고 그러
다 보니 점점 가족들과 사이가 벌어지기 시작하였다. 어느덧 그의 아
내와 자녀들에게 그는 낯선 사람이 되어있었다. 정말 가족들을 위해

열심히 살았다고 에릭은 생각했는데 도저히 견딜 수 없는 상황이 벌어지고 있었다. 큰딸은 에릭을 대하는 태도가 완전히 달라졌고, 에릭이 가장 싫어하는 펑크족 사내와 사랑에 빠졌다. 하나뿐인 아들은 마약에 손을 대기 시작하였다. 아들은 에릭에게 반항하기 시작했고 이젠 서로 화해하기 어려운 지경에까지 이르렀다.

목사였던 에릭은 이러한 사태를 정말 참을 수 없었고 이해할 수 없었다. 에릭은 결국 녹색당을 그만두고 자기를 발견하기 위한 여정에 나선 것이다. 비전퀘스트에 참여했을 때 그는 "나는 세상의 아주 깊은 음지에 있는 것 같아요. 내가 쳐다보는 것마다 불행한 것만 보여요. 죽은 나무, 차에 치인 개……. 마치 세상의 끝을 보는 것 같다고요."라고 얘기했다. 에릭은 공공연히 이렇게 쓸모 없이 살 바에야 차라리 죽는 게 낫다고 말하곤 했다.

에릭에게 사흘간의 비전퀘스트 목적은 '나는 정말 죽고 싶은가?'였다. 아무리 생각해도 정말 살고 싶은 것인지 죽고 싶은 것인지 자신도 도대체 알 수 없었다. 숲에서 지내는 동안 격정과 분노가 일었다. 그러나 그 격정은 마치 양파의 껍질같이 하나씩하나씩 벗겨지기 시작했다. 벽이 무너지듯이 죄책감, 궁지, 자기 연민, 자기 방어 같은 것들이 격정과 함께 쏟아져내리기 시작했다.

이 격정이 자연스레 분출된 후 에릭은 배낭을 메고 등정했다. 높은 산봉우리에 올라 자살을 위해 갈아두었던 눈물로 얼룩진 마음속의 칼을 던져버렸다. 에릭은 한참을 산과 숲을 내려다보며 그 거대한 자연에서 자신의 존재를 깨닫고 소외감을 던져버렸다. 봉우리에서 내려오는 에릭의 발걸음은 비틀거렸지만 생동감 있었다. 에릭은 그 봉우리를 '자신이 죽은 장소'로 마음에 새겼다.

이 책의 곳곳에서 밝혔듯이 숲을 비롯한 자연환경은 우리의 삶과 행복, 그리고 건강에 여러 가지 다양한 방식으로 영향을 끼친다. 숲에서 얻는 경험이란 매우 주관적이지만, 우리가 일상에서 숲을 어떻게 이해하고 교류하는지에 따라 우리 삶이 향상될 수 있다. 특히 숲의 여러 기능을 환경 디자인에 적용한다든지, 숲에 대한 태도를 조금만 바꾸어 우리 생활을 변화시킨다든지 하면 우리는 좀더 행복한 삶을 살 수 있다.

아래 글은 필자가 숲이 도시 직장인들의 업무만족도와 스트레스에 어떠한 영향을 미치는지 연구할 때 받은 한 직장인의 경험담이다.

"나는 매일 점심시간에 사무실 근처에 있는 쌈지공원을 찾는다. 이 습관을 갖기 전에는 다른 동료들과 마찬가지로 점심을 먹고 나면 커피와 담배, 그리고 별로 도움이 되지 않는 잡담으로 늘 시간을 보냈다. 그런데 어느 날 혼자 우연히 점심을 먹게 되었고 남은 시간에 쌈지공원을 찾은 것이 나의 직장생활 패턴을 바꾸어놓았다. 이젠 아침에도 여유가 되면 잠시라도 그곳에 들러 나무와 숲을 만난 후 사무실에 들어간다. 숲과 나무는 기분을 상쾌하게 하고, 일에 관한 걱정을 덜어주며, 정신적·육체적 스트레스도 풀어준다. 쌈지공원 숲에서 오늘의 일과를 정리하고 지난 일들을 점검해보기도 한다. 사무실에서 혼잡했던 머리가 공원 숲에서는 맑아지며 여러 가지 아이디어가 떠오르는 것을 느낀다."

다음 글은 백범영 교수(용인대학교)가 일상에서 숲을 만나면서 느낀 즐거움을 쓴 것이다.

"사람이 사는 곳이면 어김없이 있는 자동차 소리와 매연, 아스팔트와 회색의 고층 건물. 도시는 말할 것도 없고 농촌에서조차도 농사를 짓지 않는 한 흙길을 밟아보기란 참으로 쉽지 않다. 누구나 그리워하지만 쉽게 접근하지 못하는 것이 자연이다. 자동차를 버리고 조금만 옆길로 새보면 금방 다가갈 수 있는 것이 자연이건만 그것이 쉽지 않는 것이 우리네 삶이다. …(중략)… 걸어서 20 ~ 30분인 야산 하나를 넘으면 학교가 있으니 출퇴근할 때마다 종종 숲길을 걷는다. 자연적으로 난 관목들도 있고 인공으로 조성한 교목들도 있다. 묵은 논밭에선 거름 탓인지 제멋대로 자란 나무가 울창하다. 다양한 나무들 사이로 지형에 따라 자연스럽게 난 숲길을 아침저녁으로 새 울음소리와 물소리를 들으면서 걷는 것은 하나의 즐거움이다. 상쾌한 공기, 풋풋한 흙냄새, 풀 향기를 음미하면서 사색에 잠길 수 있는 것 또한 커다란 축복이다."[88]

위의 두 글에서 본 것과 같이 숲은 우리 일상을 활기차게 하고 우리에게 창의력과 행복을 가져다준다. 생활 패턴을 조금만 바꾸어 자동차에서 내려 숲을 만나러가거나 점심시간에 짬을 내 숲을 찾거나 하는 것들이야말로 우리가 행복해지고 건강해지는 지름길이자 참된 웰빙이다. 사실 잘 알려진 멋지고 아름다운 숲을 찾는다는 일은 대부분의 사람들에게는 어려운 일이다. 시간과 경비, 그리고 그에 수반되는 노력을 들여야 하기 때문에 휴가나 특별하게 시간을 내지 않는 한 그러한 숲을 찾기란 어렵다. 그렇기 때문에 위에서 예를 든 두 사람같이 생활 주변에서 숲을 경험하고 숲과 교류할 기회를 갖는 것이 중요하다.

도시를 개발하고 디자인할 때 인간과 자연 또는 숲의 관계는 경제적인 효율성 때문에 우선 순위에서 밀린다. 정책결정자나 도시설계자들은 인간의 고유한 특성과 인간이 누릴 수 있는 경험은 무시하고 효율성만 강조해 개발하기 일쑤다. 따라서 도시에서는 자연적으로 숲을 접하고 숲과 교류하기가 사실 힘들다. 각자 노력하지 않으면 숲을 접하기 어렵다.

그러나 숲과 교류하는 것이 그렇게 어려운 것만은 아니다. 앞의 글에서와 같이 자신의 생각과 행동을 조금만 바꾸면 만족스럽고 행복한 생활을 할 수 있다. 일상에서 숲을 만나고 숲과 교류하며 조화롭게 살아가는 방법을 몇 가지 소개한다.

나만의 나무 혹은 숲 찾기

일상에서 피로하고 지쳤을 때 찾아갈 수 있는 나만의 나무와 숲을 만드는 것은 마치 아무에게도 말 못하는 고민을 털어놓을 수 있는 친구를 두는 것과 같다. 나무와 숲은 우리가 언제, 어느 때 찾아가든 따뜻하게 맞아주고 무슨 얘기든지 다 들어준다. 많은 연구서는 사람들이 기분이 나쁠 때 숲과 같은 자연을 찾는다고 밝히고 있다. 즉, 사람들은 기분이 울적하거나 부정적 감정이 일 때 사람들을 떠나 자기만의 특별한 장소인 숲을 찾아가서 기분을 전환한다.

최근 발표된 연구에 의하면 사람들은 부정적 감정이 깊을수록 공원과 숲, 그리고 해변 같은 자연 장소를 즐겨 찾으며, 그곳에 가면 사람들의 부정적 감정이 긍정적으로 변한다고 한다. 반대로 사람들이 싫어하는 장소로는 교통량이 많고, 소음이 심하며, 사람이 북적이는 곳이다.[89] 그런데 우리가 일상생활을 하는 곳은 불행하게도 이런 요소로 구성된 도시환경이다.

일상생활에서는 수많은 일이 과중되고 불쾌한 일이 일어난다. 이러한 경험은 우리에게 극도의 긴장과 스트레스, 그리고 분노와 우울 같은 부정적 감정을 준다. 또한 이러한 경험은 경쟁이 심해지고 개인의 능력이 서열화되는 현대사회에서는 그 강도가 점점 심해진다. 따라서 이러한 경험을 전혀 하지 않을 수는 없다. 문제는 스트레스와 부정적 감정을 어떻게 해소하느냐 하는 것이다. 그것을 해소하지 못하고 방치한다면 심각한 정신적, 육체적 질병에 걸려 우리 삶이 심각하게 불행해지기 때문이다. 일상에서 받은 스트레스와 부정직 감정을 해소하는 장소로서의 숲, 고민을 털어놓을 수 있는 친구로서의 나무는 우리를 건강하고 행복하게 하는 보물이다.

실내 식물은 공기를 깨끗하게 하고 습도를 적절하게 유지시키는 것은 물론 사람들을 심리적으로도 안정시킨다.

사무실 안의 나무와 식물은 근무자에게 어떠한 영향을 줄까? 일반적으로 사람들은 실내 식물이 공기를 정화하고 아름다운 환경을 조성한다는 데 동의한다. 실내 식물은 근무자의 생산성과 직무 인식, 그리고 환경 인식에 또 어떠한 영향을 줄까? 이 의문을 풀기 위해 미국 시카고의 한 연구단체는 식물이 전혀 없는 사무실, 식물이 전체 면적의 약 7퍼센트인 사무실, 식물이 전체 면적의 약 18퍼센트인 사무실에서 근무하는 81명의 근무자를 대상으로 직무생산성, 사무실환경에 대한 인식, 감정과 기분 등을 조사하였다. 연구 결과를 살펴보면 예상대로 근무자들은 사무실에 나무를 비롯한 식물의 양이 많을수록 근무환경이 아름답다고 평가했고, 평안해했다. 직무생산성도 식물의 수가 많을수록 높았다.

일터나 집에서 식물 기르기

최근의 한 연구에 따르면 현대인들은 평균 90퍼센트의 시간을 실내에서 보낸다고 한다.[90] 따라서 생의 대부분을 보내는 실내, 즉 가정이나 직장, 그리고 학교환경의 중요성은 아무리 강조해도 지나치지 않다. 또한 실내 공기에는 실외보다 건강에 해로운 화학물질이 많이 포함되어 있다고 한다.[91] 이러한 실내환경을 정화하고 사람들의 감정과 정서를 긍정적으로 바꿔주는 것 중 하나가 화분과 같은 실내 식물이다. 실내 식물들은 독성 화학물질을 흡수하여 섬유소로 만든다.[92]

창밖으로 숲을 바라보는 것만으로도 스트레스가 크게 해소된다.

공기정화작용 외에도 실내 식물은 습도를 적정한 수준으로 유지시켜 사람들을 건강하게 해준다. 정신적, 심리적 피로를 풀어주고 재충전하는 데도 큰 역할을 한다. 랜들(Randall) 등의 연구자들은 실내 식물은 사람들이 환경을 긍정적으로 인식하게 하고, 그 결과 작업능률성과 직무만족도를 높인다고 실증하였다.[93] 이에 관한 연구 결과도 사무실의 나무와 식물이 직원들의 생산성과 근무 자세, 그리고 직무에 대한 인식에 긍정적인 영향을 미친다는 사실을 알려준다.

그런 연구 결과 때문에 요즘 회사들은 사무실을 녹색화하려고 노력하고 있다. 사무실 전체를 녹색화할 수 없다면 잠시 피로를 달랠 수 있는 휴게실 같은 장소에서라도 화분을 가꾸는 것이 좋다. 개인적으로는 자신의 책상이나 주변에 조그마한 식물을 키우는 것도 좋은 방법이다. 정성껏 식물을 가꾸고 그 식물이 건강하게 자라는 과정을 보는 것만으로도 성취감과 만족감을 얻을 것이기 때문이다.

창밖의 숲 보기

직접 숲을 찾기 어려울 때 잠시 눈을 돌려 창밖의 숲을 바라보면 피로가 풀리고 잠시나마 긴장도 풀 수 있다. 잠시 일손을 멈추고 단 몇초 몇분간이라도 창밖의 나무와 숲을 바라보면 한결 마음이 새로워지고 기운도 재충전될 것이다. 이 책의 서두에서 소개했던, 창밖의 숲을 본 환자가 그렇지 못한 환자에 비해 회복률이 훨씬 빠르고 통증과 불편함을 호소하는 빈도도 매우 낮았다는 연구 결과[94]와 창밖의 숲을 본 수감자들이 그렇지 못한 수감자들에 비해 발병 횟수가 적었다는 연구 결과[95]를 보더라도 이것이 사실임을 알 수 있다. 영국의 연구 결과도 창에서 들어오는 햇빛과 창밖의 숲의 아름다운 광경이 사무실근로자의 직무 만족도를 높였다고 밝히고 있다. 창밖의 숲이 근로자의 스트레스를 줄이고 그 결과 업무만족도를 높였으며 이직의사도 줄였다는 것이다.[96]

스웨덴에서 어린이들을 대상으로 연구한 결과는 더욱 흥미롭다. 창문이 있는 교실에서 공부한 어린이들이 창문이 없는 교실에서 공부한 어린이들보다 학업 스트레스가 더 적었으며, 반면 학습 성취도는 높았다. 이뿐만이 아니라 교실의 창이 어린이들의 육체 발달과 병으로 인한 결석률에도 큰 영향을 끼친다고 이 연구서는 결론짓고 있다.[97]

이런 연구 결과들을 보면 건물을 설계할 때 창문 역할이 얼마나 중요한지 알 수 있다. 따라서 사무실이나 병원 등을 지을 때 창문은 가능하면 햇살이 잘 들고 자연 풍경이 잘 보이는 곳에 있는 것이 좋다.

숲 사진 보기

스웨덴의 한 정신병원에서 15년간 분석한 결과에 의하면 추상화는 환자들의 격한 감정을 불러일으킨 반면 자연과 숲 그림은 환자들을 평온하게 했다고 한다. 즉 추상화는 환자들이 공격해 훼손시킨 반면 자연 그림은 온전한 상태로 보존되었다고 한다.[98] 비록 여러 여건 때문에 직

자연에 관한 장식은 사람들을 평온하게 한다.

접 숲을 찾지 못하더라도 사진과 그림으로라도 간접적으로 숲을 경험

하는 것이 정서적으로 좋다.

　숲 사진은 사람들에게 숲에서 즐거웠던 기억도 회상시켜준다. 창을

통해 숲을 볼 수 없는 사무실이라면 아름다운 숲 사진이라도 책상에

올려놓고 보자. 그럼 다소 감정이 안정되고 긍정적으로 바뀔 것이다.

숲 관련 단체 후원하기

어디엔가 아름다운 숲이 있고 그 숲이 잘 가꾸어지고 보존되고 있다는

숲 관련 단체를 후원하는 것도 숲을 가꾸는 한 방법이다.

사실이 우리를 뿌듯하게 한다. 여러 여건상 우리가 직접 숲을 지키고 가꾸지는 못하지만 간접적인 방법으로 그렇게 할 수는 있다. 그중 하나가 숲 관련 단체 회원이 되거나 그 단체를 후원하는 일이다.

숲을 아끼고 가꾸는 대표적인 국내 시민단체로는 생명의숲, 서울그린 트러스트, 한국내셔널트러스트, 숲과문화, 숲해설가협회, 생태산촌만 들기모임 등이 있다. 이 단체들은 회원이나 후원자를 위해 여러 가지 교육이나 체험 활동을 실시하므로 그것에 참가하면 숲을 간접적으로 가꾸는 데서 오는 만족감과 더불어 숲과 교류할 수 있는 기회도 가질 수 있다.

정원이나 텃밭 가꾸기

정원이나 텃밭을 가꾸면 사람들은 수없이 많은 신체적, 사회적 그리고 경제적 이익을 얻는다. 파텔(Patel)이란 미국의 연구자가 조사한 결과에 의하면 정원과 텃밭을 가꿈으로써 사람들은 신선한 채소를 먹을 수 있고, 체중을 줄일 수 있으며, 개인적인 즐거움과 만족감도 얻을 수 있다고 한다. 또한 다른 사람들을 도울 기회를 얻고, 꽃과 채소를 이웃과 나눔으로써 이웃과 더 돈독해지는 등의 사회적으로도 건강한 삶을 살게 된다.[99]

도시에서는 직접 땅을 일굴 기회는 물론 과일 또는 채소를 수확하는 것을 구경조차 할 수 없다. 도시의 한 초등학교 선생님의 "오렌지는 어디에서 나오느냐?"란 질문에 어린이 대부분이 "슈퍼마켓의 창고"라고 대답했다는 사실이 이런 현실을 단적으로 말해준다.

정원이나 텃밭 가꾸기는 인간과 자연 사이의 거리를 좁히는 지름길이다. 직접 땅을 일구어 씨앗을 뿌리고 그것이 꽃과 열매가 되는 과정에 직접 관여하고 참여함으로써 사람들은 노동과 생명의 아름다움을 느낀다. 또한 그 과정에서 자연의 섭리를 깨닫기도 하는데 그것은 그 사람의 여러 문제를 해결하는 실마리가 되기도 한다. 도시에서 정원이나 텃밭을 가꿀 만한 땅을 찾기는 어려울 것이다. 그러나 요즘 많은 지방자치단체에서 주말에 농사지을 수 있는 땅을 임대해주므로 관심만 있다면 정원이나 텃밭 가꾸기는 가능하다.

식물을 키우는 것은 자연과 직접 교류하는 아주 효과적인 방법이다.

주

1) WHO, *Official Records of the World Health Organization, No. 2*(1948).

2) R., Ornstein & P., Ehrlich, *New world new mind : changing the way we direction in psychotherapy*(New York : Norton, 1989).

3) William. K., Stevens, *The Change in the Weather : People, Weather, and the Science of Climate*(New York : Delacorte Press, 1999).

4) 건설교통부, 『도시통계자료』(2003).

5) E.O., Wilson, *Biophilia*(Cambridge : Harvard University Press, 1984).

6) 신원섭 · 김재준 외, 「도시림이 직장인의 직무만족과 스트레스에 미치는 영향」, 『한국임학회지』, 제92권, 1호(2003).

7) 신원섭 · 류진호, 「학교 숲이 학생의 기질에 미치는 영향」, 『한국식물인간환경학회지』, 제7권, 2호(2004).

8) R.S., Ulrich, "View through a window may influence recovery from surgery", *Science*, 제224권, 4647호(1984).

9) R.S., Ulrich, "Biophilia, biophobia, and natural landscapes*", The biophilia hypothesis* (Washington : Island Press, 1993).

10) 신원섭, 『숲의 사회학』(서울 : 도서출판 따님, 2003).

11) 한국일보, 2004년 4월 13일자.

12) R.S., Ulrich, 앞의 논문.

13) M., Ohsuga & Y., Tatsuno 외, "Development of a bedside wellness system", *Cyber Psychology & Behavior*, 제1권, 2호(1998).

치
유
의
숲

14) R.B., Zajonc, "Feeling and thinking : preferences need no inferences", *American Psychologist*, 제35권, 1호(1980).

15) J.C., Hendee & M., Brown, "How wilderness experience program facilitate personal growth : a guide for program leaders and resource managers", *Renewable Resources Journal*, 제6권, 2호(1988).

16) A.M., Beck & N.M., Meyer, "Health enhancement and companion animal ownership", *Ann. Rev. Public Health,* 제17권, 1호(1996).

17) S.R., Kellert & E.O., Wilson, *The biophilia hypothesis*(Washington : Island Press, 1993).

18) S.R., Kellert & E.O., Wilson, 위의 책.

19) A.M., Beck & N.M., Meyer, 앞의 논문.

20) W., Anderson & C., Reid, "Pet ownership and risk factors for cardiovascular disease", *Med. J. Australia*, 제157권, 2호(1992).

21) E., Friedmann & S.A., Thomas, "Pet ownership, social support, and one-year survival after acute myocardial infarction in the cardiac arrhythmia suppression trial", *Am. J. Cardiol*, 제76권, 17호(1995).

22) P., Shepard, *The others : how animals made us human*(Washington : Island Press, 1996).

23) T.T., Cable & E., Udd, "Therapeutic benefits of a wildlife observation program", *Therapeutic Rec. J.*, 제22권, 4호(1988).

24) 권헌교, 「도시림의 유형과 가치」(박사 학위 논문, 충북대 대학원, 2003).

25) 신원섭 · 김재준 외, 앞의 논문.

26) 신원섭 · 김은일 외, 『산림의 건강기능 구명과 이를 이용한 치료법 개발』(농림부, 2003).

27) K., Korpela & T., Hartig, "Restorative qualities of favorite places", *J. Environmental Psychology*, 제16권, 3호(1996).

28) S.R., Kellert & E.O., Wilson, 앞의 책.

29) E.O., Moore, "A prison environment's effect on health care service demands", *J. Environment Systems*, 제11권, 1호(1981/1982).

30) K.H., Anthony & J., Choi 외, *Proceedings of the 21st Annual Conference of the Environmental Design Research Association, EDRA 21/1990*(Oklahoma City : EDRA, 1990).

31) R., Kaplan & S., Kaplan 외, *With people in Mind : Design and management of everyday nature*(Washington : Island Press, 1998).

32) R.S., Paffenbarger & A.L., Wing 외, "Chronic disease in former college students : physical activity as an index of heart attack risk in college alumni", *American Journal of Epidemiology*, 제108권, 4호(1981).

33) J.E., Buring & D.A., Evans 외, "Occupation and risk of death from coronary heart disease", *Journal of American Medical Association*, 제258권, 6호(1987).

34) K.E., Powell & K.G., Spain 외, "The status of 1990 objectives for physical fitness and exercise", *Public Health Reports*, 제101권, 11 · 12호(1986).

35) medcity.com/jilbyung/stress.html

36) D., Stokols & I., Altman, *Handbook of Environmental Psychology, 2 vols*(New York : John Wiley, 1987).

37) I., Altman, *The Environment and Social Behavior*(Monterey : Brooks/Cole, 1988).

38) B.S., Kwon & W.C., Sullivan, "Green common spaces and the social integration of inner-city older adults", *Environment and Behavior*, 제30권, 6호 (1998).

39) B.S., Kwon & W.C., Sullivan, 위의 논문.

40) I.M., Lee & R.S., Paffenbarger 외, "Physical exercise and risk of prostate cancer among college alumni", *Am. J. Epidemiology*, 제135권, 2호(1992).

41) J.M., Ruuskanen & T., Parketti, "Physical activity and related factors among nursing home residents", *Am. J. Geriatric Society*, 제42권, 9호(1994).

42) N., Humpel & N. Owen 외, "Environmental factors associated with adults' participation in physical activity : a review", *Am. J. Prev. Med.*, 제22권, 3호(2002).

43) R.S., Ulrich, "How design impacts wellness", *Healthcare Forum* J., 제20권, 1호(1992).

44) D., Relf, *The role of horticulture in human well-being and social development*(Portland : Timber Press, 2000).

45) K.M., Korpela, "Negative mood and adult place preference", *Environment and Behavior*, 제35권, 3호(2003).

46) B., Driver & P., Brown 외, *Benefits of Leisure*(State College : Venture Publishing,1991).

47) S.R. Kellert & E.O., Wilson, 앞의 책.

48) 신원섭 · 김은일 외, 앞의 책.

49) B., Driver & P., Brown 외, 앞의 책.

50) E.G., Boring & H.S., Longfeld, *Foundations of psychology*(New York : John Wiley and Sons, 1955).

51) 신원섭 · 김은일 외, 앞의 책.

52) W., James, *The variety of religious experience : a study in human nature*(New York : Collier Books, 1961).

53) M., Laski, *Ecstasy : a study of some secular and religious experiences*(London : The Cressett Press, 1961).

54) A.H., Maslow, *Toward a psychology of being*(New York : Van Nosgrand Reinhold, 1968).

55) M., Csikszentmihalyi, *Flow : the psychology of happiness*(London : Rider, 1992).

56) L.M., Frederickson & D.H., Anderson, "A qualitative exploration of the wilderness experience as a source of spiritual inspiration", *J. Environmental Psychology*, 제19권, 1호(1999).

57) www.kfda.go.kr/korea/webzine/consumer/health/health_3.html

58) B., Driver & P., Brown 외, 앞의 책.

59) R., Shaffer & J., Mietz, "Aesthetic and emotional experiences rate high with northeast wilderness hikers", *Environment and Behavior*, 제1권, 2호(1969).

60) W., Hammitt, "Outdoor recreation : is it a multi-phase experience", *J. Leisure*

Research, 제12권, 2호(1980).

61) T.R., Hull & R., Harvey, Explaining the emotion experienced in suburban parks", *Environment and Behavior*, 제37권(2005).

62) A.C., Anderson, "Environmental factors in aggressive behavior", *J. Clinical Psychiatry*, 제43권, 7호(1982).

63) L.H., Hawkins, "The influence of air ions, temperature, and humidity on subjective well-being and comfort", *J. Environmental Psychology*, 제1권, 4호 (1981).

64) M.J., Evans & W., Tempest, "Some effects of infrasonic noise in transportation", *J. Sound and Vibration*, 제22권, 1호(1972).

65) D., Stokols & I., Altman, *Handbook of environmental psychology*(New York : John Wiley and Son, 1987).

66) C.E., Izard & J., Kagan 외, *Emotion, cognition, and behavior*(Cambridge : Cambridge Univ. Press, 1984).

67) C.E., Izard & J., Kagan 외, 위의 책.

68) N.H., Frida, *The emotions*(Cambridge : Cambridge Univ. Press, 1986).

69) A.A., Stone & D.S., Cox 외, "Evidence that secretory IGA antibody is associated with daily mood", *J. Personality and Social Psychology*, 제52권, 5호 (1987).

70) R.B., Shekelle & W.J., Raynor 외, "Psychological depression and 17-year risk of death from cancer", *Psychosomatic Medicine*, 제43권, 2호(1981).

71) M., Csikszentmihalyi, *Beyond boredom and anxiety*(San Francisco : Jossey-Bass, 1975).

72) R., Kaplan & S., Kaplan, *The experience of nature : a psychological perspective*(New York : Cambridge Univ. Press, 1989).

73) W.S., Shin, *Wilderness campers and their self-actualization*(Ph.D. dissertation, University of Toronto, 1991).

74) G.H., Stankey, *Visitor perception of wilderness recreation carrying capacity. USDA Forest Service Res. Paper INT-142*(Rocky Mountain Forest Research Station, Ft. Collins, CO.,1973).

75) G.H., Stankey, 위의 책.

76) C.S., Shafer & W.E., Hammitt, "Purism revisited : specifying recreational conditions of concern according to resource intent", *Leisure Sciences*, 제17권, 1호 (1995).

77) E.O., Moore, 앞의 논문.

78) R., Kaplan & S., Kaplan, 앞의 책.

79) C. Man, Jung, *Garden City*(NJ : Doubleday, 1964).

80) 법정, 『참 좋은 이야기』(동쪽나라, 2002).

81) 신원섭 · 김재준 외, 『도시숲이 직장인의 직무에 미치는 영향』(임업연구원 연구보고서, 2003).

82) G.E., Voyat, *Piaget systematized*(Hillsdale : Lawrence Erlbaum Association, 1982).

83) L.K., Brendtro & M., Brokenleg 외, *The circle of courge, in Reclaiming youth*

at risk : our hope for the future(National Education Service, Bloomington, 1990).

84) Canadian Outward Bound Wilderness School, *The Canadian Outward Bound Wilderness School*(Can. Outward Bound Pamph, 1985)

85) R.B., Caplan, "Tent treatment for the insane - an early form of milieu therapy", *Hosp. Community Psychiatry*, 제18권, 296호(1967).

86) A.W., Hoisholt, "Letter to editor", *Am. J. Insanity*, 제63권, 1호(1906).

87) 이오덕, 『문학의 길 교육의 길』(한길사, 2002).

88) 백범영, 「잠자는 숲의 숨소리」, 『숲과 문화』, 제13권, 1호(2004).

89) K.M., Korpela, "Negative mood and adult place preference", *Environment and Behavior*, 제35권, 3호(2003).

90) D., Relf, *The role of horticulture in human well-being and social development*(Portland : Timber Press, 1990).

91) D., Relf, 위의 책.

92) R., Dosser, "Plants found to rid homes of air pollutants," *The Knoxville Journal*, 1989년 10월 24일자.

93) D., Relf, 앞의 책.

94) R.S., Ulrich, "View through a window may influence recovery from surgery", *Science*, 제224권, 4647호(1984).

95) E.O., Moore, 앞의 논문.

96) P., Leather & M., Pyrgas 외, "Windows in the workplace : sunlight, view, and occupation stress", *Environment and Behavior*, 제30권, 6호(1998).

97) R., Kuller & C., Lindsten, "Health and behavior of children in classrooms with and without windows", *J. Environmental Psychology*, 제12권, 4호(1992).

98) R.S., Ulrich, *Effects of hospital environment on patient well-being. Research Report from Dept. of Psychiatry and Behavioral Medicine*(Trondheim : Dept. of Psychiatry and Behavioral Medicine, University of Trondheim, 1986).

99) D., Relf, 앞의 책.